科学技術の環境問題

長谷敏夫 著

時 潮 社

はしがき

　科学技術の応用により携帯電話があまねく普及し私たちは多くの利便性を得ている。食べ物の元である植物、動物の遺伝子を組み換える技術は、新しい品種をつくり出すことを可能にし、それを食べ始めている。車や航空機により移動の自由を得た。核エネルギーを利用して、核兵器や発電所をつくり、100万年以上も隔離しなければならない放射性廃棄物をつくり出してきた。ノーベル賞が化学、物理学、医学研究に与えられ、技術革新が進む。

　大気が汚染され、毎年600万の人が呼吸器病で死亡、気候変動により自然災害や海面上昇を招いている。農薬やプラスチックなどの人工化学物質、遺伝子組み換え食品、電磁波、放射能と人間が新たにつくり出したものにより、環境と人間を含む生物の破壊に心を悩ませる。本稿は、先進技術の社会的応用により生ずるいくつかの問題を論じるものである。すなわち、携帯電話の電磁波、遺伝子組み換え技術による食物、使用済み核燃料の再処理工場、原子力発電、気候変動の脅威、捕鯨活動を取り上げた。最後にこれらの新しい技術のもたらす弊害に対し慎重な対応をとる予防原則を検討する。

　これらの研究は東京国際大学の授業、人間環境問題研究会での諸活動から生まれた。私は1971年の海洋の船舶による油濁問題（卒業論文）から出発し、2018年12月に至った。時潮社の相良景行社長か

らいただいた毎月の励ましの言葉がなかったら本書は完成しなかった。自然に生きるニホンミツバチを育てる相良社長に深く感謝したい。

2019年 5 月15日　　　　　　　　　　　　　　　　　長谷敏夫

目　次

はしがき……3

第1章　携帯電話の電磁波問題

はじめに……13

1．生殖作用への影響 ………………………………………14

2．発ガン性 …………………………………………………16

3．日本の緩い規制値 ………………………………………17

4．フランスの事例 …………………………………………20

おわりに……21

第2章　遺伝子組み換え食品

1．遺伝子組み換え技術とは ………………………………27

2．ゲノム編集 ………………………………………………27

3．健康への影響 ……………………………………………30

4．環境への影響 ……………………………………………31

5．食品表示 …………………………………………………33

6．モンサント社 ……………………………………………34

おわりに……37

第3章　福島原発事故より8年後の原発政策
──2019年3月の日本──

はじめに……43

1．福島原発事故処理について ……………………………43

（1）汚染水……43

（2）財政負担……44

（3）避難民の帰還……44

5

2．政府の原子力発電所政策 ……………………………45
　　　（1）既設原発の再稼働……45
　　　（2）使用済み核燃料の再処理工場……46
　　　（3）高速増殖炉「もんじゅ」の廃炉……46
　　　（4）新規原発の建設……47
　　　（5）廃止18基……48
　　　（6）エネルギー基本計画……48
　　　（7）原発の輸出……49
　　3．司法の対応 ……………………………………………49
　　　（1）運転差し止め訴訟……49
　　　（2）損害賠償訴訟……50
　　　（3）福島事故の刑事責任……51
　　おわりに……51

第4章　ドイツとベルギーの脱原発政策

　　はじめに……57
　　1．ドイツの脱原発 ………………………………………58
　　　（1）現　状……58
　　　（2）経　過……58
　　2．ベルギーの脱原発 ……………………………………64
　　　（1）現　状……64
　　　（2）経　過……65
　　3．脱原発の将来 …………………………………………67

第5章　気候変動に関するパリ協約

　　1．Paris Agreement ………………………………………73
　　2．Background ……………………………………………77
　　3．Some Problems ………………………………………78

目　次

第6章　中国の気候変動政策の動向

はじめに……83

1．1997年12月京都議定書の交渉過程で …………………………84

2．京都議定書からパリ協定への長い道のり …………………85

（1）2009年米中第1回首脳会議（オバマ政権）……86

（2）コペンハーゲン会議（COP15）……87

（3）中国の政策の軟化……87

（4）2014年11月の米中首脳会談（転機）……89

（5）2015年9月の米中首脳会談（パリ協定成立への米中協力）……90

3．パリ第21回締約国会議（COP21）…………………………91

4．第13次5ヵ年計画（2016～2020年）…………………94

（1）再生可能エネルギー……95

（2）原子力発電……95

（3）石　炭……96

（4）交　通……98

おわりに……100

第7章　有毒化学物質の国際的規制

はじめに……109

1．プラスチックゴミの氾濫……………………………………110

2．バーゼル条約……………………………………………………112

3．バマコ条約………………………………………………………113

4．ロッテルダム条約 ……………………………………………114

5．ストックホルム条約（残留性有機汚染物質に関するストックホルム条約）………………………………………………………………115

6．水銀に関する水俣条約 ………………………………………116

おわりに……117

7

第8章　予防原則について

はじめに……123

1．国際法における予防原則 ………………………………………………125

（1）裁判規範としての予防原則の主張……126

（2）予防原則は慣習法か……128

2．ヨーロッパ連合法における予防原則 ………………………………129

3．フランス国内法における予防原則 …………………………………131

おわりに……134

第9章　国際環境法の発展

はじめに……141

（1）国際法として……141

（2）環境法として……142

（3）国際環境法……142

1．国際環境法の歴史的展開 ………………………………………………143

（1）ストックホルム人間環境会議（1972年）以降……143

（2）リオの地球サミット以降……145

2．国際環境法の形成過程と適用について …………………………147

3．国際環境法の諸原則 ……………………………………………………148

（1）汚染者負担原則……148

（2）持続可能な発展（sustainable development）……149

（3）共通だが差異ある責任（common but differentiated responsibility）……150

（4）予防原則（principle of precaution）……151

おわりに……152

第10章　判例紹介：南極海捕鯨事件（オーストラリア対日本、ニュージーランド補助参加）………………………………159

目　次

第11章　長崎の石木ダム建設について
　1．経　過 ……………………………………………………169
　2．付け替え道路工事建設と住民の座り込みによる阻止行動……170
　3．訴　訟 ……………………………………………………170
　おわりに……172

附　文献紹介
　1．『ハイデガーと地球』ラッデル・マクフォーター、ゲイル・スタンステド編 Ladelle McWhorter and Gail Stenstad, "Heidegger and the Earth: Essays in Environmental Philosophy", 2009……179
　2．『GEO‐5　地球環境概観　第五次報告書　上』国連環境計画編集、環境報告研、2015年 …………………………………191
　3．『脱原発の哲学』佐藤・田中著、人文書院、2006年 ………194
　4．『身の回りの電磁波被曝―その危険性と対策』萩野晃也、緑風出版、2019年 …………………………………………201

9

第1章

携帯電話の電磁波問題

第 1 章　携帯電話の電磁波問題

はじめに

2018年 6 月末現在、日本の携帯電話契約数は、 1 億7,319万件となった。日本の人口でいうと136.8％の普及率となった。[1]

電車のなかでもほとんどの人がスマートフォンをいじっている。大学のなかにも中継アンテナ基地があり、学生が授業の出席を携帯電話を使い登録するなど、その利用度は驚くべき水準に達している。

携帯電話は高周波の電磁波、すなわちマイクロ波の電磁波を使っている。高周波とは、周波数の高い電磁波（ 1 秒間で 3 万サイクル以上）のことである。携帯電話は 1 秒間に10億サイクルの電磁波を出す。[2]電子レンジのマイクロ波は、24.5億サイクルである。[3]ラジオ局からのラジオ波、テレビ局のテレビ波、レーダーの電波も高周波である。

これに対し、送電線や家庭電器製品から放射されるのが低周波である。携帯電話は低周波をまぜて使用し、いろいろな情報を送信することができる。いわゆる変調技術である。[4]高周波は空間を伝播する力が強く、低周波は水や建物を透過する力が強いので、組み合わせて使用される。国際ガン研究所は、「低周波の磁場は人にたいして発がんの可能性あり」（1992年 2 B）に分類した。[5]門真市の送電線付近での白血病の続発は有名である。[6]

1992年のカロィンスカ研究所の43万人を対象にした高圧線下（半径300メートルまで）の調査では、 1 ミリガウス以下と比較して、 2 ミリガウス以上で小児白血病は2.7倍、 3 ミリガウス以上で3.8倍と出た。[7]

13

携帯電話のマイクロ波にはホットスポット効果がある。頭の真ん中で大きなエネルギーが発生し、吸収されるのである。人間の体は携帯電話のマイクロ波をよく吸収する。ニュージーランドから来られたニールス・チェリー先生は、2002年に東京で開催されたガウスネット主催のシンポジウムで、人間の体はアンテナであると言われた。子どもの体の水分は大人より多くマイクロ波をより多く吸収する。また細胞分裂が速いので電磁波の影響を受けやすい。

マイクロ波は温熱作用があるので、マイクロ・オーブン（電子レンジ）では、電磁波が外部に漏れないようにして利用している。携帯電話はマイクロ波を外に漏らして利用するのである。

1. 生殖作用への影響

携帯電話を体につけて利用、また携帯電話中継基地からの電磁波を浴び続けることは、健康にいかなる影響を与えるのであろうか。

携帯電話電磁波の健康への影響については、すでに全世界で1,000以上の研究あり、日本では荻野晃也博士（電磁波環境研究所）が最先端の研究をしておられる。本稿も荻野博士の教示によるところが多い。2019年4月に出版された緑風出版の荻野晃也著『身の回りの電磁波被曝―その危険性と対策』が最新の本である。

男性の生殖機能への影響については、すでに300件以上の研究が発表されている。2018年、「NHKスペシャル：ニッポン精子力クライシス」（2018年7月28日）では、日本人の精子数が極端に少ないことを特集した。さらにNHKクローズアップ現代で「精子力クライシス：男性不妊の落とし穴」が放映された。（2018年9月19日）NHK

第1章　携帯電話の電磁波問題

のこれらの番組が精子劣化の原因を検討していないことを荻野は批判した。電磁波被曝による精子、精巣への影響に関する研究が最近多いにもかかわらずである。200件の論文ほとんどは、因果関係を認める。

　携帯電話の利用者は常にスイッチを入れて体につけている。電磁波が常に生殖臓器のそばに置かれているのであり、通話するとき耳につけて話すときには脳に電磁波を吸収させていることになる。ベルトに付けたり、ポケットに入れた場合、男性の生殖能力が落ちることが、ハンガリーのセゲド大学のイムレ・フェイスにより報告されている。221人の男性について13月間観察、1日中携帯を身につけている使用者は、13ヵ月で30％減少したという。2004年の報告である。

　2006年、米国のアガーワル博士（オハイオ州クリーブランド・クリニック）は携帯電話の使用時間と、精子の劣化（精子数、運動能力、奇形率）に相関関係があるとし、男性が携帯電話をズボンのポケットに入れないほうがよいと警告した。

　オーストラリアのニューカスル大学アイケトン博士は、人間の精子に携帯電話電磁波を16時間曝露し、精子の運動率、生存率の低下を確認した。

　卵子への影響にも、800近くの論文があり影響を否定する研究は少ない。2008年に発表されたデンマークの1万3,159人の子ども（7歳）への電磁波の影響の研究がある。母親が生前から携帯電話を使用したグループとそうでないグループを比較した。母親が生前に携帯を利用したケースはそうでないグループの1.8倍の割合で行動異常の子どもが発見された。

2012年、イェール大学のヒュー・テイラーはマウスを使い実験し、母体内の胎児の脳に影響が出ることを確認した。携帯電話の電磁波は胎児の脳の発達を遅らせ、記憶力の劣る子どもが生まれる可能性を指摘した。[16]

　自閉症の子どもの増加と、電磁波被曝の関連性についても無視することはできない。注意欠陥多動症（ADHD）の症状をもつ子どもについて、2013年に韓国の27の小学校、2,422人の児童の調査血液中の鉛の濃度の高い携帯電話利用者にADHDのリスクが高いとの結果であった。[17]電磁波被曝による精子、卵子のROS（活性酸素種）、DNAの損傷が関係すると考えられる。

　若い母親が赤ん坊をあやしながら、携帯を操作することが当たり前の風景になっているが、それを見るにつけ私は常に心配になる。電磁波が幼児により危険であることがまったく理解されていないのである。

2．発ガン性

　第二は発ガン性の研究であり、これについて1,000を超える論文が発表されている。2011年、国際ガン研究所（CIRC）は、高周波（radio frequency radiation）すなわち携帯電話電磁波を２Ｂ（おそらく発ガン性あり、possibly carcinogen）と分類した。動物実験、人間の疫学的研究により、限定的な証拠が示されたとした。[18]

　2000年から2010年に13ヵ国の参加したインターフォン研究では、携帯利用の累積使用時間が1,640時間以上（10年以上使用し、毎日30分以上利用）を超える場合、神経膠腫が1.4倍の発症率になるという

疫学的研究である。ニュージーランドのニール・チェリーは、2000年にマイクロ波の発ガン性を指摘していた。2011年、スウェーデンのオレブロ大学病院のハーデルは、疫学調査の結論として、携帯電話を10年以上使用している場合、悪性腫瘍になる確率が不使用者に対して2.2倍となると報告した。[20]

　1999年のスウェーデンとアメリカでの調査によれば、携帯電話を当てる側に脳ガンが発生したと報告された。2006年、携帯電話のアンテナから離れた前頭葉、頭頂葉には脳腫瘍が見られなかったとし、電磁波の発ガン作用を示した。[22]

　イタリアにおける2,448匹のラットを使った携帯基地局からの電磁波の影響調査では、脳ガン、心臓ガンの増加が見られたという研究が2018年に発表され、CIRCの２B（possibly carinogen）の発ガンにかんする分類を再考すべきとした。[23]

　2001年11月の調査がある。フランス国立応用化学研究所のサンテーニ博士は、携帯電話基地局の近くに住む住民531人を調査した。基地局から300メートル以内に住む人が症状を訴えているとの結論を得た。基地局の設置は人家から300メートル以上離れてつくるべきであるとした。[24]

3．日本の緩い規制値

　2002年10月９日、ドイツで医師たちによりフライブルグ宣言が出された。[25]高周波電磁波が健康に悪影響を与えることを心配し、議会、欧州議会、欧州委員会に提出した。パルス波を使う高周波はすべて

の人に吸収される。化学的物理的環境要因のリスクを高め、免疫力を奪う。特に妊婦、子ども、青少年、高齢者、病人が影響を受けやすい。ドイツの医師は、慢性病の患者の増加の原因を携帯電話の電磁波と見ている。子どもの学習能力の低下、集中力の低下、行動障害、不整脈、心筋梗塞の低年齢化、脳の機能退化、白血病、脳腫瘍などのガンが見られるという。[26]

　2008年9月、EU議会は加盟国の不十分な対応を非難し、27の加盟国政府に対して携帯電話電磁波の規制強化を求めた。[27]さらに2009年4月にEU議会は携帯電話他の電磁波発信基地は学校、病院より遠ざけることを提言する報告書を採択した。559票が賛成、反対2票、棄権8票であった。携帯電話、基地局の電磁波曝露の子ども、青少年の健康に配慮し規制を求めるものであった。フランスの2010年教育法の規定により幼稚園、小中学校構内での携帯電話の使用を禁止することにつながった。

　2011年、欧州評議会議員会議は、予防原則を適用して電磁波に対応すべきことを決議した。[28]

　2012年9月13日、日本弁護士連合会は環境省、経済産業省、厚生労働省、総務省（9月20日）に「電磁波問題に関する意見書」を出した。[29]

　電磁波安全委員会を設立し、独立して対策を構ずること。健康への影響に関する研究が日本でまともに行われていないので、高圧線や携帯中継基地周辺に住む住民の健康調査を行うこと。携帯電話中継基地の建設にあたっては、住民に十分な説明を行うこと、そして協議すること。予防原則を取り入れ、幼稚園、小中学校、病院にはより厳しい基準を設定すること。職業的被曝者に対する対策を進め

ること、電磁波過敏症に対する研究、患者救済を進めることを提言した。

　日本の携帯電話電磁波の規制値は緩い。ICNIRP（International Commission on Nonionizing Radiation Protection、国際非電離線防護委員会）の勧告に基づいたと説明される日本の基準値は1.8Hzの周波数で1,000μW/㎠である。[30]

　総務省は上記の国際的安全基準を元に電波防護指針を作成しているので携帯電話は安全としている。[31] これは熱作用のみを考慮したもので、非熱効果を考慮していない。携帯電話の非熱作用について以前より健康影響があるとされているので、現行の基準値は不適切である。

　中国が10μW/㎠、ロシア2μW/㎠、ポーランド10μW/㎠、ギリシャ、スイス9.5μW/㎠と比べて異常である。[32] ザルツブルグ市は0.0001μW/㎠を採用している。[33]

　このように携帯電話電磁波に対するより厳しい規制への呼びかけがあるのにもかかわらず、日本においては健康を配慮した規制がないに等しく、新しい中継基地がどんどん建設されていく。2018年11月3日（土）、文化の日に、私の母校である京都市立大原野小学校に行くと、校庭の道路を挟んで、高い電柱式のアンテナが新たに建設されていた。9月、NTTドコモが工事開始にあたり小学校に挨拶し、学校側は工事車両の交通安全を希望したという。[34] 電磁波のリスクの認識がない状況では、中継基地が学校の近くにつくられても、子どもの健康への影響に配慮することができない。

　携帯電話基地局の出す電磁波については、すでに障害を受けている人が多い。携帯電話基地の近くの住居から引っ越す人も少なくな

い。また裁判で会社に撤去を求める事態になっている。推進側は
「十分な科学的根拠がない」として開発を止めない。日本では電磁
波のことを知っている人は少なく、子どもの携帯電話使用のリスク
に無知である。

４．フランスの事例

　フランスのマクロン政権は、2018年９月の新学期より、幼稚園、
小学校、中学校でのスマートフォン、携帯電話を禁止する措置をと
ったと報じられたが[35]、実際は2010年より「環境を守るための国家行
動に関する2010年７月12日の法律」（nr.2010-788）により幼稚園、
小学校、中学校の教育活動中の児童、生徒に携帯電話の使用を禁じ
てきた。同法はさらに14歳以下の子どもに対する携帯電話の広告を
禁止し、さらに６歳以下の子どもに電磁波の出る機材を与えること
を禁止できるとの規定を置いた[36]。この2010年の法律は、環境と健康
を守るための包括的な法律で、教育法のなかで子どもの健康を配慮
して、小中学校、幼稚園での携帯電話の使用を禁じたものと理解で
きる。

　スマートフォンの禁止措置はマクロン大統領の2017年選挙時の公
約であった。2018年５月法律案として国民議会に提案され、７月末
可決された[37]。禁止の理由は２つある。スマートフォンがフランスの
子どもの読み書き、計算能力を低下させるという教育上の配慮が大
きな理由であったが[38]、健康を守る目的もある[39]。

　今回の教育法の改正によれば携帯電話それに類する通信機械の使
用を教育活動中に禁止するとし、新たな規制として高校（Lycée）

において任意でこれを禁ずることができるとした。[40]

　フランスでは、2017年12〜17歳の子どもの92％が携帯電話を利用した。[41]　11〜14歳では63％が利用している。[42]

おわりに

　携帯電話の電磁波が今日、全日本を覆い尽くし、さらに、その強度を増している。携帯基地局からの電磁波は、無差別に日本人の体に吸収され、健康に影響を与える。また、携帯以外の電磁波も利用が増大している。秋田県と山口県に建設予定の大型のレーダー基地＝「イージス・アショア」も脅威を与える。JR東海によるリニアモーターを利用するリニア中央新幹線建設しかり。

　問題は、日本の携帯利用者は電磁波による否定的な身体に対する影響を知らず利用しつづけていることにある。健康を害される人の増大、医療費の増大が際限なく続く。タバコ産業が長らく健康被害を否定、タバコの毒性を否定し続けた経験を忘れてはならない。

　日本の携帯電話電磁波の健康に対する研究はきわめて少ない。研究費を得ることが難しいのは、利害関係を有するメーカー、電話会社、電話事業の推進を図る政府の圧力による。日本の世界一ゆるい携帯電話電磁波の規制、ほとんど報道されない携帯電話の電磁波の問題をいつまで放置するのか。携帯電話会社の巨大な広告費に頼るマスコミ、政府に気兼ねするNHKが批判的な報道をすることができないでいる。

【注】

（1）www.soumu.go.jp/johoutsusinkoteki/field/dts/gt01020101.xls、総務省「携帯電話 PHSか契約数の推移」2018.10.18

（2）荻野晃也『危ない携帯電話』p.14、緑風出版、2007年。

（3）同上。

（4）同上。

（5）大久保貞利『誰でもわかる電磁波問題』p.120、緑風出版、2002年。

（6）荻野晃也『身の回りの電磁波被曝』p.98、緑風出版、2019年。

（7）大久保貞利、同上、p.114。

（8）荻野晃也、同上。

（9）チェリー先生は亡くなられた。

（10）荻野晃也談 2018年10月15日　宇治市の電磁波環境研究所にて。

（11）同上。

（12）古庄弘枝『携帯電話亡国論』p.39、藤原書店、2013年および掛樋哲夫『デジタル公害』p.36、緑風出版、2008年。

（13）古庄弘枝、同上p.40、および矢部武『携帯電磁波の人体影響』p.128、集英社新書、2010年。

（14）矢部武『携帯で電磁波の人体影響』p.129、集英社新書、2010年。

（15）Hozefa A.Divian, Epidemology vol.9, no.4 July 2008, "Prenatal and postnatal exposure to cell phone use and behavioral problems in children".

（16）古庄弘枝、同上、p.42。

（17）Byun Y-H, "Mobile Phone Use, Blood Lead Levels, and Attention Deficit Hyperactivity Symptoms in Children: A Longtitudial Study". がある。

（18）古庄弘枝、同上、p.32。

（19）古庄弘枝、同上。

（20）古庄弘枝、同上、p.38。

（21）船瀬俊介『ケータイで脳腫瘍』p.50、三五館、2006年。

（22）船瀬、同上。

（23）Falcioni, Environment Research（2018）https://doi.org/10.1016/j.envers.2018.01.037CIRC

（24）矢部武、同上、p.153。

第1章　携帯電話の電磁波問題

(25) 大久保貞利『電磁波の何が問題か』p.106、緑風出版、2010年。

(26) 同上。

(27) 矢部武「携帯電磁波の人体影響」p.4、集英社新書、2010年。

(28) 日弁連「意見書」nichibenren.or.jp「電磁波に関する意見書」2018.10.24

(29) 同上。

(30) 古庄弘枝、同上、p.23。

(31) 矢部武、同上、p.175。

(32) 荻野晃也『危ない携帯電話』p.193、ザルツブルグ市は0.0001μW/c㎡を採用している。

(33) 同上。

(34) 2018年11月5日（月）京都市立大原野小学校、梶教頭、談。

(35) Der Spiegel nr. 41/2018 p.53.

(36) LOI n° 2010-788 du 12 juillet 2010 portant engagement national pour l'environnement（1）

(37) Der Spiegel　同上、nr. 41/2018

(38) Der Spiegel　同上、nr. 41/2018

(39) Professor Maljean Dubois（Université Aix-Marseille）, 2018.11.1 文書回答。

(40) Loi. 2018-698 du 3 aout 2018 relative a l'encadrement de l'utilisation du téléphone portable dans les établissement scolaire.

(41) https://www.journaldesfemmes.fr/maman/enfant/1832419-age-du-premier-téléphone/ "à quel age lui achter un téléphone portable ?" 2018.11.25

(42)（Arcep）Autorité de régulation des communications d'électrique et des postesの資料。

（注）熱作用では、電波が体に入ると分子を振動させて熱を発生させる。非熱効果は電磁波が体内に入ると細胞の分子の移動を促し生体電気反応が乱される。天笠啓祐『電磁波はなぜ怖いか』pp.12〜14、緑風出版、1993より。

【参考文献】

天笠啓祐『電磁波はなぜ怖いか』緑風出版、1993年

荻野晃也『身の回りの電磁波被曝―その危険性と対策―』緑風出版、2019年

荻野晃也『危ない携帯電話』緑風出版、2007年

大久保貞利『誰でもわかる電磁波問題』緑風出版、2002年

古庄弘枝『携帯電話亡国論』藤原書店、2013年

矢部　武『携帯で電磁波の人体影響』集英社新書、2010年

船瀬俊介『ケータイで脳腫瘍』三五館、2006年

掛樋哲夫『デジタル公害』緑風出版、2008

黒薮哲哉『危ないあなたのそばの携帯基地』花伝社、2010年

松本建造『告発電磁波公害』緑風出版、2007年

第 2 章

遺伝子組み換え食品

第2章　遺伝子組み換え食品

1．遺伝子組み換え技術とは

　1970年代に遺伝子組み換えの技術が米国カルフォルニア州の大学研究者により確立された。⁽¹⁾遺伝子組み換えとは、他の生物種の遺伝子を組み込むこと。バチルス・チューリンゲンシス（Bt菌）は殺虫性タンパク質を作る遺伝子をもつ。このBt菌の毒素を出す遺伝子をトウモロコシに組み込み、殺虫作用をもつトウモロコシをつくる。自然には存在しないトウモロコシをつくるのである。種を超えて遺伝子を組み込むのが遺伝子組み換えである。この技術をつかって殺虫作用のあるダイズ、ジャガイモがつくられたり、除草剤をかけても枯れないナタネ、ダイズ、トウモロコシなどが生産され流通するようになった。さらに最近ゲノム編集が活発に行われるようになってきた。

2．ゲノム編集

　ゲノム編集とは外部の遺伝子を入れないで操作することである。[2]ゲノム編集と遺伝子組み換えを区別して理解することが必要である。他種の遺伝子を組み込むには、多くの時間と費用がかかるうえ、正確性に欠ける。これが遺伝子操作である。これに対してゲノム編集は特定の種のなかで、特定の遺伝子を切って変異を起こさせる、ねらった遺伝子だけを働かせなくする技術である。成功率が高く、操作が容易である。[3]

　ゲノム（genome）とは、染色体の一対のことで、その数は生物

27

種に固有にある。ヒトは23対のゲノムを持っている。遺伝子情報の載った場所で切り、異変を起こすのである。DNAを切る材料に遺伝情報が含まれるため、作業中は、遺伝子組み換えと同じ状態である。ただしこれを取り除ける。最終的に外部の遺伝子情報を含まなければ、遺伝子組み換え食品の定義に当たらず、ゲノム編集となる。遺伝子組み換え技術よりも確実にDNA配列を組み換えることができる。削除と入れ替えが望みの位置でできるようになり、生命科学研究の基盤となった。(4)

　2012年、ジェファニー・ダナンドナ博士（カリフォルニア大学バークレー校）とエマヌエル・シャルパンテイエ（スウェーデンのウオメ大学）の研究によりクリスパー・キャス9の技術が生まれた。これはゲノム編集の道具として生み出され、ゲノム編集が容易になったのである。(5)

　このことからより多くのゲノム編集が行われるようになってきた。遺伝子組み換えの応用には、一定の規制が行われてきたが、ゲノムについてどのように規制するのか未だ定まっていない。

　遺伝子組み換えとゲノム編集を区別して扱うべきであるとする議論が進んでいる。他種の遺伝子を組み込むには、多くの時間と費用がかかるうえ、正確性に欠ける。ゲノム編集は、特定の種のなかで、特定の遺伝子を切って変異を起こさせる、ねらった遺伝子だけを働かせなくする技術である。成功率が高く、操作が容易である。(6)

　遺伝子組み換えとゲノム編集が同じものではないと考える人々がいる。ゲノム編集により特定の遺伝子を破壊した生物は自然界の突然変異と同じであり、自然界で起きていることであるので、遺伝子組み換えと違う。紫外線や自然放射線により、遺伝子は絶えず傷つ

けられ、遺伝子が変異して、少し変った生物が誕生してきた。放射線や薬剤により、突然変異を起こすことが従来から行われてきた。これは規制の対象外であった。

ゲノム編集を遺伝子組み換えと同様に考え扱うべきと考える人々は、自然界で起きていることと同じでなく、やはり遺伝子を操作していることから、遺伝子組み換えと同じ厳格な扱いが必要と考える。[8]

EUにおいては、ゲノム編集と遺伝子組み換えの区別をめぐり論争がある。バイオ業界は、ゲノム編集は自然に生じる突然変異と同様であるので遺伝子組み換えのような厳しい規制を不要と主張する。消費者団体は遺伝子組み換えと同様の扱いを要求してきた。EU司法裁判所は、2018年7月25日、ゲノム編集について遺伝子組み換えと同様の規制を行うべきと判断した。[9]それは、ゲノム編集についても環境アセスメント、追跡可能性の確保、表示を行うことを意味する。[10]米国ではゲノム編集は遺伝子組み換えでないとして規制しない。例えばゲノム編集した大豆油に対して、それは遺伝子組み換えでないとされる。[11]

倫理上の問題からヒトのゲノム編集した受精卵から生命をつくること、臨床応用の禁止では研究者は一致している。[12]2015年12月にワシントンD.C.で「ヒトゲノム編集国際会議」が開かれ声明を出した。ヒトの受精卵のゲノム編集は、基礎研究に関しては倫理的なルールのもとにこれを認めるが、臨床研究や治療については否定的な結論を出した。[13]2018年11月、中国の南方科技大学の賀副教授のゲノム編集で遺伝子を改変した受精卵で双子を誕生させた研究について、中国の科学技術省は違法と断じ、道徳倫理に反するとした。[14]

日本の消費者連盟は、2018年8月10日、遺伝子組み換えと同様に

ゲノム編集を規制し、かつ表示を要求した。カルタヘナ法を管轄する環境省は、遺伝子をノックイン（入れる）はするが、ノックアウト（遺伝子を働けなくする）場合は規制の対象にしないとする原案を審議会にかけた。[15]

3．健康への影響

1996年、米国で遺伝子組み換え作物（トウモロコシ、ダイズ、ナタネ、綿花など）の商品化が始まった。食品由来の病気は米国で2倍に増え、極端な肥満、リンパ腫、アレルギー、糖尿病、自閉症、不妊、生殖障害などの慢性疾患が急増した。[16]1960年代後半から増加しているこうした症状が遺伝子組み換え食品に由来するのかどうか。

英国では遺伝子組み換え大豆の輸入が始まってから、大豆アレルギーが50％増加した。ロシアでもアレルギー症状が3倍に増えたという。[17]バイテク企業は遺伝子組み換え食品の安全性を主張するが、証明されたわけではない。安全性を完全に証明する科学的方法はない。[18]

フランスのカーン大学のセラリーニ教授は、GM（Genetically Modified＝遺伝子組み替え）トウモロコシを生まれてからずっとネズミに与えたところ乳房に腫瘍、肝臓と腎臓の機能の低下を観察した。[19]ロシアの科学アカデミーでの実験では、GM大豆をネズミに食べさせたが、3世代で生殖能力を失った。[20]

ノルウェーのバイオセイフティセンターのトラービク博士の研究では、遺伝子組み換え食品をラットに1回与えただけでラットの細胞組織に組み換えDNAが発見された。[21]人間でも同様になったと確

認されている。

　Bt菌の毒素を出す遺伝子を組み込んだ殺虫性作物（大豆、とうもろこし）の含むこの毒素が人間の腸に穴を開け、アレルギー、自閉症、早期老化を促進する。[22]

　1998年、スコットランドのロスウェット研究所でパズタイ博士らのグループがオスのラットに10日間、遺伝子組み換えのジャガイモを食べさせた。消化器の障害、免疫系の低下、脳、肝臓、睾丸の発達障害、脾臓組織の肥大の異常をみつけた。[23]これをテレビで発表したパズタイ博士は停職となった（朝日新聞、夕刊、1999年4月2日）。

　2000年、米国でスターリンク事件が起きた。家畜用として認可された「スターリンク」トウモロコシが食品に混入したのである。スターリンクは1％しか栽培されていなかったが、収穫したトウモロコシの50％に混入した。スターリンクを食べた人にアレルギー症状が出た。スターリンクに含まれる殺虫性タンパク質（CRY9C）がアレルギーを起こしたとみられる。[24]製造元のアベンテスト社は、スターリンクを回収するため10億ドルを使った。[25]

　「実質的同等」いう言葉がバイテク産業によりつくられた。遺伝子組み換え作物と従来の作物は科学的にほとんど同じであるので同じ生物種と考えるのである。[26]しかし、在来の作物と同じ遺伝子組み換え作物については特許権があるというからおかしなことになる。

4．環境への影響

　植物（ナタネ、トウモロコシなど）は花粉を飛ばし、周辺の環境に広がっていくので遺伝子汚染を招く。また種子が輸送中に落ちて、

自生するほかの近縁種に移行することも考えられる。

メキシコはトウモロコシの原産地であるが、米国産の遺伝子組み換えトウモロコシが風にのって花粉の飛散、あるいは輸入により、組み換えの遺伝子がメキシコの従来からあるトウモロコシに移り危機を招いている。メキシコのオアハカ州の従来から栽培されてきたトウモロコシの汚染が確認されている。[27]カナダでは遺伝子組み換えアブラナが、450万ヘクタールでつくられ、遺伝子組み換えのアブラナを駆除することは不可能となった。[28]

モンサント遺伝子組み換えのアブラナが小麦畑に紛れたとすると、取り除きは難しい。除草剤をかけても枯れず、また種子が畑に残り、後年芽を出すのである。[29]

遺伝子組み換えの汚染は2001年、すでにアブラナ、トウモロコシ、大豆の種子すべてで見つかっている。アルゼンチンでは、ラウンドアップ耐性大豆の雑草化が起こっている。ラウンドアップをかけても枯れない雑草が増えているのである。そのため除草剤を増やして散布せざるを得なくなった。[30]モンサント社（後述）はラウンドアップの安全性を主張してきた。[31]日本経済新聞の記事のなかで志田富雄も、組み換え農産物が普及した理由は、農薬の散布回数が減り、生産性を高める効果があるからだとしている。[32]

生物多様性条約カルタヘナ議定書は、遺伝子組み換え生物が環境への影響を与える（生物多様性の喪失）のを防止するための規定を置いている。

5．食品表示

　遺伝子組み換え食品は1997年より、輸入が始まり、日本人の口に入っている。日本は、世界一のトウモロコシ輸入国である。毎年1,600万トンのトウモロコシを米国より輸入している。米国産のトウモロコシの88％は遺伝子組み換えである。遺伝子組み換えされた米国産大豆、ナタネ、綿花、アルファルファ、テンサイ、パパイヤ、ジャガイモも輸入されている。輸入が承認されたものは、190品目に及ぶ。[(33)]

　表示は、食品衛生法、JAS法により義務づけられているが、例外が多い。

　遺伝子組み換え検査で検出できない食品、油、醤油などに表示はない。表示は重量で上位３位まででよい。組み換えのものが５％以下の混入であれば、組み換えでないと表示できる。[(34)]消費者庁は表示を厳格化し、2023年以降、混入率５％以下の食品は「遺伝子組み換えでない」と表示できなくする。結果はほとんどの食品で遺伝子組み換え食品が使われているが、実際には表示されない。ただし、任意で醤油には「遺伝子組み換えでない大豆」を使用という表示が日本にはある。

　EUは原料に遺伝子組み換え食品0.9％以上含まれると表示義務がある。EUでは使用表記が少ない。それは、メーカーが使っていないため、遺伝子組み換えの表示が少ないのである。

　今日、日本ではGM食品を口に入れていない人はきわめて少数であろう。加工食品は、GMトウモロコシ、GM大豆、GMナタネを

利用してつくられているからである。これらのGM食品は国内で生産されてはいないが、ほとんどを北アメリカからの輸入に依存しているからである。輸入品がほとんどGM食品であるからである。輸入GMトウモロコシ、GM大豆などは、日本で家畜の餌に回される。日本の畜産業は輸入の飼料なしでは成り立たない実情にある。

　消費者は、遺伝子組み換え食品の表示が不十分なため、食品の選択ができない。また、輸入飼料に頼る日本の食料事情ため、GM食品をそれと知らないで毎日口にしている。ペットボトルの日本茶にはヴィタミンCが添加されているが、このヴィタミンCもGM食品由来のものであれば、GM食品から逃れるすべはない。

6．モンサント社

　1901年、農薬メーカーとして設立されたモンサント社（本社：米国ミズーリ州）は、1923年にPCB（ポリ塩化ビフェニル）の生産を始めた。アラバマ州アーニストンにあったPCBの工場跡地では現在も汚染が残り、住民に健康被害が出ている。[35] 1978年にPCBが禁止された後は、除草剤の生産に活路を見出した。

　モンサント社は、シンジェンタ社、デュポンケミカル社とともに米軍に枯葉剤を納入した。1960年代に米軍はベトナムに軍事介入し、敵が潜伏しているジャングルを枯らすため、また農地に被害を与えるため除草剤を散布した。モンサント社の商品は、コード名エージェント・オレンジ（除草剤）と呼ばれた。米軍は1961年から10年間で7万2,000万リットルをベトナムに散布した。[36] 除草剤をかぶったのは、ベトナムの兵士、住民だけでなく、米軍兵士も浴びた。枯葉

剤に混入していたダイオキシによりベトナムに多くの障害者、障害児を生み出した。現在、120万人いるベトナムの障害児のうち、15万人が枯葉剤の影響によるものとみなされている。また米軍兵士が退役して本国に帰ってから体の不調を訴え、また生まれた子どもに障害が見られる。ベトナム戦争に従軍した259万人のうち29万7,194人が枯葉剤被害登録制度により検診を受けた。[38]

　モンサント社のエージェント・オレンジの納入はベトナム戦争の終結とともに、次の市場としての農業、そして家庭用へと売り先を転じたのである。[39]

　同社は環境によく、すぐ分解されると宣伝したが、フランスの裁判所は虚偽広告として、モンサント社に1万5,000ユーロの罰金を課した。[40]2018年8月11日、カリフォルニア州の一審の裁判所では、原告のジョンソン氏の損害賠償請求を認め、日本円換算で320億円の支払いを命じた。ラウンドアップ（商品名：除草剤）によりガンになったとした。[41]この後、同じような訴訟が数百件、起こされることになるという。2018年6月、バイエルがモンサント社を買収したので今後これら訴訟をバイエル社が受ける。[42]モンサント社のラウンドアップは、グリサホートを主成分とするが、発ガン性を疑われ、EUでの使用禁止の動きが出ると、これを封じ込めようと画策している。フランスでは年間8,000トンの使用があるが、モンサント社はEUにおいて使用を5年後まで認めさせることに成功した。[43]

　遺伝子組み換えの種子の開発、販売を少数の多国籍企業が握っている。なかでもモンサント社が遺伝子組み換えの種子市場で90％を占める。除草剤をかけても枯れない（除草剤耐性）遺伝子をナタネ等の作物に組み込み、販売を始めた。除草剤とセットで販売できる

利点がある。ブラジル、アルゼンチン、カナダ、パラグアイと作付けは広がっている。モンサント社がこれらの国の種子企業を買収し、遺伝子作物の栽培を進めている。

そのことにより企業が種子の特許料で利益を上げ、世界中の食料の生産、流通を支配することができる。これは、種子に特許が認められてからのことである。遺伝子組み換えの種子を開発し、売れば利益が得られるようになったからである。1980年、米国の最高裁は、遺伝子組み換え植物の種子に特許権を認めた。その作物を作付する場合、米国の農家は毎年、遺伝子組み換えの種子に特許料を払わねばならなくなった。[45]

米国では「回転ドア」と呼ばれる、政府機関と企業が人的につながり、政府機関を規制する実態がバイオ産業に見られる。政治家に献金するのはもちろん、企業が取り締まる役所（食品医薬品局、環境保護庁、農務省）に幹部を送り込む。さらにこれら官庁から人材をもらう。これは「回転ドア」と呼ばれ、モンサント社に典型的に見られる。その一例として、マイケル・テイラーが挙げられる。[46]テイラーは、1980年代、モンサント社の顧問弁護士であったが、1991年、FDA（食品医薬品局）の政策担当副局長、1994年、農務省の食品安全担当局長、1996年、モンサント社の公共政策担当副社長、2010年、FDAの食料担当副局長を務めた。彼はモンサント社の遺伝子操作によりつくられる牛成長ホルモン剤（ポジラック）の認可に関わった。この他に複数の人物が政府とモンサント社を往来している。モンサント社の取締役に就任していたミッキー・カンターは商務省長官、通商代表を務めた。規制する役所とモンサント社は人的に繋がり、モンサント社の都合のよいように規制・規制緩和がな

される。

モンサント社は関係する研究機関に研究費を与え、モンサント社の製品の認可に都合のよい研究をしてもらう。ポジラック（牛成長ホルモン剤）は、遺伝子操作により開発した製品であるが、FDAで否定的報告をした研究者を追放し、認可に持ち込んだ。カナダでのポジラック認可申請中に危険性を指摘した３人の研究者を抑圧した。

科学の客観性が脅かされている。モンサント社は不都合な研究結果の発表を妨害し、研究対象を企業の利益になる研究のみに限定するなど、科学界の支配が憂慮される。世界銀行（IBRD）、世界貿易機関（WTO）、世界保健機関（WHO）、経済協力開発機構（OECD）、世界食料計画（WFP）、国連食料農業機関（FAO）に深く入り込み、バイテク（バイオテクノロジー）産業に有利な決定を得てきた。WHOは遺伝子組み換え食品の安全性を認め、健康に影響がないこととしている。FAOは遺伝子組み換えに賛成するようになった。2002年、WFPは米国から遺伝子組み換え作物を輸入して、アフリカ諸国に受け入れさせようとした。世界銀行は途上国に遺伝子組み換え種子を広めるプロジェクトに融資してきた。

おわりに

望み通りの成果を出さない技術を無理矢理に導入し、政治の力を利用し、情報操作をして遺伝子組み換え食物の普及が図られている。

食品の97％が有毒な化学物質により汚染されている。さらに、食品の安全性を遺伝子操作の技術屋に委ね、遺伝子技術に投資した多国籍企業に利益を得させるようにしている。企業が種子の特許料で

利益をあげ、世界中の食料の生産、流通を支配することを狙っている。

　ゲノム編集は目的の遺伝子を切断し、機能させなくさせるものであるが、DNAの遺伝子は集合体として互いに共同し、調和を保っている。一つの遺伝子を操作し、またそれを他の生物にいれたら調和は破綻する。マイケル・アントヌウム博士（ロンドン大学 KING'S COLLEGE）はゲノム編集を施した生物体のなかで、何千、何万の変化が起こると指摘する。その食品を食べると当然健康に影響がでてくる。[53]

　日本の状況は米国との政治的関係が重視され遺伝子組み換え問題にまともに向き合わず、米国に追従して遺伝子組み換え作物の承認と輸入を進めている。[54]日本人は毎日、米国産の遺伝子組み換えトウモロコシ、大豆、ナタネを大量に口にしていることもよく知ってはいない。

【注】

（1）Herve Kempf, "La guerre secrete des OGM," p.18, Point, 2007.
（2）NHKゲノム編集班『ゲノム編集の衝撃』p.4、NHK、2016年。
（3）同上。
（4）『現代用語の基礎知識』p.684、「生まれてくる子のゲノム編集」自由国民社、2018年。
（5）NHKゲノム編集班、同上、p.65。
（6）同上、p.4。
（7）同上、p.177、p.178。
（8）同上、p178。
（9）『毎日新聞』朝刊、2018.7.21（木）
（10）nikkanberuta.com「遺伝子組み換え・ゲノム編集」2018.11.4
（11）同上。

第2章　遺伝子組み換え食品

(12) nikkanberuta.com「遺伝子組み換え・ゲノム編集」2018.11.4

(13) NHKゲノム編集班、同上、p.198。

(14) 『朝日新聞』朝刊、2018.12.1（土）

(15) 『毎日新聞』朝刊、2018.7.12（木）

(16) DVD『遺伝子組み換えルーレット』（Genetic Roulette），J. M. スミス原作、Institute for Responsible Technology, 2012.

(17) アンデイ・リーズ『遺伝子組み換え食品の真実』p.79、白水社、2013年

(18) 同上、p.37。

(19) フィリプ・リンベリー/イザベル・オーショット、『ファーマゲドン』、p.348、日経BP、2015年。

(20) 同上。

(21) アンデイ・リーズ、同上、p.37。

(22) DVD『遺伝子組み換えルーレット』

(23) アンデイ・リーズ、同上、p.38。

(24) 同上、p.112。

(25) 同上、p.111。

(26) 同上、p.34。

(27) モニクロバン『モンサントの世界』p.389、作品社、2011年。

(28) 同上、p.370。

(29) 同上、p.337。

(30) 同上、p.402。

(31) 同上、p.403。

(32) 『日本経済新聞』朝刊、2018.11.8（木）、志田富雄「内外時評」

(33) アンデイ・リーズ、同上、p.280。

(34) 『朝日新聞』朝刊、2018.10.11（木）

(35) "Le monde", dimanche-lundi 3 septembre, 2018, pp.8-9, "Anniston, Alabama".

(36) 須田桃子『合成生物の衝撃』p.10、文芸春秋、2018年。

(37) 中村梧郎『母は枯葉剤を浴びた』p.232、岩波現代文庫、2005年。

(38) 中村梧郎、同上、p.228。

(39) Gail Stenstad, "Eating Ereignis", pp.222-223. Ladelle McWhoter and Gail Stenstad, "Heidegger and the Earth", University Toronto Press, 2009.

(40) inforguerre. fr, "La Bataille informationnelle autour du Roundup", 2018.11.4.

(41) nikkanberita.com「遺伝子組み換え・ゲノム編集」、2018.12.1

(42) Die Zeit, Oktober 2018, nr. 45.

(43) L'OBs, p.29 no.2808-30/08/2018 "A quoi a-t-il servi?"

(44) 特許庁『バイオ特許』p.22、2010年。

(45) フィリップ・リンベリー他『ファーマゲドン』p.342、日経BP、2015年。

(46) x9x rense.com, "the Amazing Revolving Door-Monsanto, EDA and EPA," Rich Murry, 12-24-1, 2018.11.4.

(47) アンデイ・リーズ、同上、p.204。

(48) 同上、p.204。

(49) 同上、p.68。

(50) 同上。

(51) 同上、p.13。

(52) 同上、p.4。

(53) 同上。

(54) 白井和宏（訳者）の言葉。アンデイ・リーズ『遺伝子組み換え食品の真実』p.292、白水社、2013年。

【参考文献】

・須田桃子『合成生物の衝撃』文藝春秋、2018年

・ケビン・デイヴィーズ『ゲノムを支配するものは誰か』日本経済新聞社、2001年

・モニクロバン『モンサントの世界』作品社、2011年

・渡辺雄二『不安なバイオ食品』技術と人間、1997年

・"Heidegger and the Earth", University Toronto Press, 2009

・Ladelle McWhorter, Gail stenstad, "Heidegger and the Earth", University of Toronto Press, 1997

・フィリップ・リンベリー/イザベル・オーショット『ファーマゲドン』日経BP、2015年

・中村梧郎『母は枯葉剤を浴びた』岩波現代文庫、2005年

第 3 章

福島原発事故より 8 年後の原発政策

——2019年 3 月の日本——

第 3 章　福島原発事故より 8 年後の原発政策

はじめに

2011年 3 月11日の宮城・福島県沖で発生した大地震、そして、それによって発生した大津波により起こった東京電力福島第一原発の事故からはや 8 年が経過したが（2019年 3 月現在）、日本の原発政策はいかなる状況にあるのだろうか。事故による数々の問題に対して事故前と比較してどう変わったのか。再び事故が起こらないような政策転換が実現したのであろうか。

1．福島原発事故処理について

（1）汚染水

福島第一原発では、溶け落ちてデブリとなった核燃料の放射性物質を冷やすために、毎日400〜300トンの水をかけているが、この水が汚染水となる。汚染水には、セシウム、トリチウム、プルトニウムが含まれている。デブリは、今後30〜40年、取り除くことができ[（1）]ないので、汚染水はいまだ増えていく。これを海にそのまま流す[（2）]わけにはいかないので、汲み上げてALPS（多核種除去設備）という除去装置にかけ、放射性物質を除いてきた。この汚染水をためる敷[（3）]地内のタンクが不足してきた。そこで汚染水の流れを止めるため 1号機〜 4 号機の周囲を覆う凍土壁をつくることとした。この壁（長さ約1.5km、深さ30m）を地下に巡らせ原子炉の地下と地下水の流入から隔離するものである。2014年に建設をはじめ、2017年 8 月頃、[（4）]全部が凍結したとされた。2018年 3 月、東京電力は、 1 日当たり95

43

トンの汚染水の抑制効果があると発表した。[5]

　この対策は汚染水の水平方向への移動を止めるものである。しかし、汚染地下水の垂直方向の移動対策がない。[6]山側から海へ地下130mを流れる巨大な地下水があり、原発ではここから毎日2,500トンの水を汲み上げて冷却水として使用してきた。一方、1日に地下水400トンが建屋内に入っていて汚染水と混ざっている。[7]この毎日400トンの水はどこにいっているのか不明という。[8]

　汚染水は、タンクに100万トンたまっている。[9]もともとここは海面から30mの高さがあった台地を削り整地したことにより、建設当時から地下水が豊富すぎてこの地下水を排除してきた。

（2）財政負担

　福島第一原発の事故処理の費用は、21.5兆円（1,954億ドル）と見積もられている。廃炉8兆円、賠償7.9兆円、除染4兆円、中間貯蔵1.6兆円の費用である。2016年12月9日の経済産業省の試算である。[10]

　2016年までで、8兆504億円が原子力損害賠償に関する財政上の負担となった。さらに汚染水、廃炉費用に2,245億円が支出された。[11]

（3）避難民の帰還

　2018年5月現在、政府によれば4万6,093人が避難民として登録されている。[12]これは避難指示地域に事故前に住んでいた人で、帰還できない人のことである。地震と津波による被害のみならば、復旧に7年もかからない。帰還できないのは、放射線量が高くて人の住

めない所とされ、避難指示区域となったためである。避難指示地域
より外に住む人で避難している、いわゆる自主避難者は別であり正
確な数字は出ていない。

　福島第一原発の立地する大熊町、双葉町は全村避難、近接の富岡
町、楢葉町、浪江町、飯館村、葛尾村も全村避難となっていた。こ⁽¹³⁾
れら町村の一部は2017年度から除染が進んだということで（避難指
定の区域が減少）、住民が帰還できることになった。

　しかし、実際帰還したのはほんのわずかの人である。飯館村の帰
還対象者5,809人中、736人が帰った（13.7%）。村内の小中学校に通⁽¹⁴⁾
う子どもは、8人にすぎない（対象736人）。⁽¹⁵⁾

2．政府の原子力発電所政策

（1）既設原発の再稼働

　2011年3月の福島原発事故の後、定期点検で停止するなどによっ
てすべての原発を停止し、その後、安全点検を実施した。地震と津
波により、福島第二原発、東北電力東通原発、東北電力女川原発、
日本原子力発電東海第二原発は、かろうじて事故を免れ、その復旧
工事を始める。事故後に新しく組織された原子力規制委員は、新し
い原発の安全基準をつくり、審査するとした。政府はこの新しい安
全基準に合致する原発の稼働を積極的に稼働させると表明した。

　鹿児島にある九州電力川内原発1号機、2号機が2015年9月、11
月に再稼働したのを手始めに、福井県の関西電力高浜原発3、4号
機、大飯原発3、4号機、四国電力の伊方原発3号機、佐賀の九州
電力玄海原発3、4号機が再稼働するに至り、2018年8月現在、運

再稼働した原発

川内原発1、2号	2015年9月、11月商業運転開始
伊方原発3号	2016年8月商業運転、2017年12月仮処分により運転差し止め、18年10月末仮処分取り消しにより再稼働
玄海原発3、4号	2018年3月、6月　商業運転開始
高浜原発3、4号	2016年1月、2月商業運転、2016年3月大津地裁より仮処分差し止めで停止、2017年3月大阪高裁取り消しにより、2017年3月より稼働
大飯原発3、4号	2018年3月、5月　商業運転開始

転段階にある日本の全原発39基のうち9機が再稼働している[16]。今後、原子力規制委員会の審査を経た原発がさらに再稼働する見込みである。

（2）使用済み核燃料の再処理工場

青森県六ヶ所村にある日本原燃核燃料再処理工場は、日本の原発から出る使用済み核燃料をすべて（40基の原発から出る使用済み核燃料800トン／年）を再処理するために建設された。1997年頃の完成予定が未だ操業できず、現在のところ、原燃は2021年の操業開始予定としている。総事業費は11兆円に達した[17]。しかし、政府はあくまで再処理工場の操業を目指している。

（3）高速増殖炉「もんじゅ」の廃炉

プルトニウムを主燃料（MOX）とする高速増殖炉もんじゅは、2016年12月に廃炉とする決定がなされた[18]。1994年の運転開始から、事故続きでまともに動いたことがなかった。2015年までに1兆円の

費用がかかっている。日本原子力研究開発機構はもんじゅの廃炉計画を立案中であるが、金属の液体ナトリウム（1次冷却系）数百トンの抜き取りができない問題が露呈した。再処理して取り出したプルトニウムを利用するもんじゅが廃炉となることは、再処理工場の意味がなくなることになる。プルトニウムを使うため、通常の原子炉でプルトニウムを混合（MOX）して使うしか方法がないことになる。

再処理工場は、稼働すれば年間8トンのプルトニウムが産出される。高速増殖炉がないとするとこれを到底処理しきれない。すでに日本は、プルトニウムを46トン保有していて今後も増える見込みである。米国政府は、日本の保有するプルトニウムの削減を求めてきた。

もんじゅの廃炉の後、高速炉の開発を続けたい日本は、フランスと共同で高速実証炉（ASTORID ［Advanced Sodium Technological Reactor for Industrial Demonstration］）の開発を企画している。このために5,700億円の負担を日本がするというもの。しかし、フランスは2018年11月に、このASTORIDの開発を凍結すると通告した（日本経済新聞、朝刊、2018年11月29日）。これにより高速炉開発計画はなくなった。

（4）新規原発の建設

中国電力島根原発3号機は、2005年着工しほぼ完成している。電源開発（Jパワー）大間原発は2012年10月、建設を再開。建屋の建設が確認できる。東京電力東通1号機は2011年1月に着工している（現在中断）。さらに中国電力上関1号機、2号機が海岸の建設用定地の埋め立て許可を待っている。山口県知事の埋め立て免許の取り

消しを求める訴訟が祝島の漁師及び上関町の住民により提起された。2019年1月13日、山口地裁はこの両者の訴えを却下する判決を下した。2018年3月17日に函館地裁は市民による大間原発の建設差し止め請求を棄却した。[25] 函館市は、2014月4月東京地方裁判所に大間原発の差し止めを提訴し、審査が続いている。[26]

（5）廃止18基[27]

　四国電力伊方原発1号、2号機、九州電力玄海原発1号機、関西電力の高浜原発1号、2号機、大飯原発1号、2号機、美浜原発1号機、東京電力柏崎刈羽原発1号、2号機、中部電力浜岡原発1号、2号機、東北電力女川原発1号機などの廃炉が決まっている。

　福島第二原発の廃止を福島県は事故後ずっと求めていた。これがやっと2018年6月14日に実現した。東電社長が県知事に表明したのである。[28]

（6）エネルギー基本計画

　2018年7月3日に閣議決定された『第5次エネルギー基本計画』では、発電に占める原発の比を2030年に20〜22％としている。原発を重要なベースロード電源と記述している。[29]

　政府が基本計画で原発の位置付けを変更しないのは、今後も再稼働を目指すことを意味する。[30] これを実現するには30基の原発の再稼働が必要である。さらに使用済み核燃料の再処理も維持する方針を示した。

第3章　福島原発事故より8年後の原発政策

（7）原発の輸出

　原発の輸出を目指して、日本政府、日立が英国ウェールズのアングルシー島に2基の建設を目指している。英国政府と日本政府の融資が前提となっている。[31] しかし、英国側の資金提供が不透明で建設コストの上昇のため、日立はこの計画を断念した（東京新聞、朝刊、2018年12月17日）。トルコのシノップで4基の原発（PWR）をつくる計画を三菱重工が推進してきた。三菱重工とフランスの企業が共同開発したアトメア1（120万キロワット級第3世代プラス加圧水型原子炉）をつくるが、総額で4兆円以上かかるため採算性に問題がある。[32]三菱重工はこの計画を中止した（日本経済新聞、朝刊、2018年12月5日）。ベトナムに2基の原発をつくる計画は、2016年11月、ベトナム側の事情により中止となった。[33] リトアニアへの輸出計画はリトアニア政府により凍結された。

　他にもインドへの輸出計画がある。日本政府の後押しがあり融資を含む案件になるが、コスト高で採算性の面からも問題がある。このように輸出について状況が大きく変化した。

3．司法の対応

（1）運転差し止め訴訟

　原発再稼働、新規原発の建設、再処理工場の建設に対し、差し止め訴訟が提起されてきた。2011年の福島原発事故後、未だ裁判の対象となっていなかった原発に対して運転差し止め訴訟が提起された。また裁判中の原発を含めるとすべての原発に運転停止を求める訴訟が提起されたことになる。

49

福島事故前の原発訴訟では、差し止めを求めた住民に対しきわめて冷淡な判決しか下していなかった。新藤宗幸が『司法よ！　お前にも罪がある』（講談社）で明らかにした通りである。

　ところが、2014年5月に福井地裁は大飯原発の運転差し止めを認めた。しかし2018年7月4日、名古屋高裁金沢支部は、この福井地裁の判決を取り消した。この判決は司法の役割として、原発の当否を判断しないとするものであった。行政に判断を委ねる判決であった。福井から原発を止める裁判の会は、予想される最高裁判所の判断を踏まえ上告をしないこととした。2016年3月、大津地裁は関西電力高浜原発3号、4号機の運転差し止め（仮処分）を出した。高浜原発3号機4号機は稼働を止めた。しかし大阪高裁は、2017年7月28日、大津地裁の決定を否定した。経済産業省の幹部は判決を安堵した気持ちで受け止めた。

　四国電力伊方原発3号機に対する差し止め訴訟では、広島高裁は2017年12月13日、130キロ離れた九州の阿蘇山の火砕流によるリスクを重要視し、差し止めを命じた。ただし、2018年9月30日までの期限つきである。

　このように事故後、福井地裁、大津地裁、広島高等裁判所により3つの運転差し止めの判決が出されたことは、福島原発事故の経験を踏まえたものであったが、最終的には、裁判により原発を止めることはできないことを示した。現在の最高裁には、「もはや何も期待できない」と福井から原発を止める裁判の会（中島哲演代表）は評価している。

第3章　福島原発事故より8年後の原発政策

（2）損害賠償訴訟

　原発避難者による集団訴訟が各地であいついで起こされ、東京電力に賠償命令が出ている。集団訴訟は、東京、名古屋、京都、大阪など全国に及び、30ヵ所で1万2,000人以上が原告となっている。故郷喪失料として慰謝料を広く認定する判決が出ている。[41] 自殺者についても事故との関連性を認め、東京電力に賠償を命じる判決が複数出ている。

（3）福島事故の刑事責任

　8年後になっても未だ誰も刑事責任を問われていない。東京電力旧経営陣の3被告（当時の会長、副社長ら）に事故の刑事責任を問う裁判が続いている。2012年6月の福島地方検察庁に告訴があり、検察庁は不起訴処分とした。検察審議会は2015年1月に、2度目の起訴議決をした。元東電の旧経営陣3人の強制起訴となった。裁判は、2017年6月30日、第1回公判を行い、2018年度も公判が続いている。[42] 勝俣恒久元会長は、「会長職には権限はなくあまり口を出さないようにしてきた。原子力や津波の専門知識もなかったので部下に任せてきた。だから責任はない」と答弁した。[43] 2018年12月27日の第36回公判では、検察官役の指定弁護士は被告3人に対し業務上過失致死傷罪で禁固5年の処罰を求めた（朝日新聞、朝刊、2018年12月28日）。

おわりに

　以上の検討から導かれる結論はきわめて悪い。現場の事故処理は、汚染水に悩まされ、放射性物質の地下水への混入を防ぐことができ

51

ていない。福島原発1号機から4号機の地下に深さ30mの凍土壁を
つくったが、垂直方向へ汚染水が流れ出ている。

　汲み上げてたまった汚染水を貯めるタンク群は満杯で、トリチウ
ムを含む汚染水を海洋に捨てざるを得ない状況に追い込まれている。

　事故処理費用は、東京電力の賠償能力をはるかに超え、国費を投
入して事故処理を進めている。一番安いエネルギー源が原発である
との宣伝はまったくのデタラメである。

　避難民は、故郷を失い苦痛を味わってきた。一定の土地を除染した
ので故郷に帰れという帰還政策が進むが、故郷に帰る人はわずかであ
る。除染してもなお帰還できるとされる土地は無害でないからである。

　福島原発事故の責任を誰も取らず再稼働に進んでいる。全国世論
調査では、一貫して過半数の国民が脱原発を望んでいるのに、政府
は推進をやめない。裁判所は原発政策に関して政府の判断を尊重す
べしとし、裁判所としての判断を放棄している。政府の再稼働と核
燃料リサイクルは、事故前の原発の推進政策と同じであり、脱原発
は果てしない夢である。日本でも核廃棄物の最終処分地がいまだ決
まっていない。高レベル放射性廃棄物はそもそも100万年以上人類
から隔離しなければならないが、地球上にこれを安全に保管できる
場所はない。

　日本は原子爆弾が投下され、核実験による被爆（第五福竜丸など）、
そして今回の福島原発事故などでひどい目にあっているのに核兵器
禁止条約に反対し原発を維持し続けている。しかも火山噴火、地震
の多発する国土のなかで、原発を維持するという選択をしている。
安心で安全な国づくりと反対のことを続けている。

第 3 章　福島原発事故より 8 年後の原発政策

【注】

（1）荻野晃也『汚染水はコントロールされていない』p.23、第三書館、2014年。

（2）同上、p.5。

（3）同上。

（4）同上、p.225。

（5）毎日新聞、朝刊、2018年 3 月 1 日（木）

（6）荻野晃也、同上、p.5。

（7）同上、p.240。

（8）同上。

（9）産経新聞、朝刊、2017年 4 月 4 日（火）

（10）産経新聞、朝刊、2016.12.9（金）、毎日新聞、朝刊、2016.12.9（金）

（11）会計検査院『東京電力に関わる原子力損害に関する国の支援策に関する実施状況に関する会計監査の報告書』平成30年。

（12）www.pref.fukushima.lg.jp/site/portal/list271.html「避難区域の状況・被災者支援ふくしま復興ステーション」2018.8.6

（13）平成30年福島県民手帳。

（14）asyura 2.com「飯館村学校再開 1 ヶ月、進まない帰還」2018.8.7

（15）同上。

（16）はんげんぱつ新聞、484号、（2018年 7 月）

（17）原子力資料情報室、「再処理工場って何」、2018.8.7

（18）ストップ・ザ・もんじゅ『これでわかる核燃料サイクルの破綻』2017年。

（19）原子力資料情報室編『原子力市民年鑑』2016年、p.222。

（20）毎日新聞、朝刊、2017年11月29日（水）

（21）東京新聞、朝刊、2018年 8 月 1 日（水）

（22）はんげんぱつ新聞、484号（2018年 7 月）

（23）毎日新聞、朝刊、2016年10月22日（土）

（24）原子力資料情報室編『原子力市民年鑑』2016 - 17、p.117。

（25）毎日新聞、朝刊、2018年 3 月19日（月）

（26）原子力資料情報室編『原子力市民年鑑』同上、p.117。

（27）はんげんぱつ新聞、484号、（2018年 7 月）

（28）東京新聞、朝刊、2018年 6 月15日（金）

(29) 経済産業省『エネルギー基本計画』30年7月。

(30) 日本経済新聞、朝刊、2018年5月17日（木）

(31) 東京新聞、朝刊、2018年7月5日（木）

(32) 同上。

(33) 東京新聞、朝刊、2018年5月29日（火）

(34) jiji.com、「トルコ原発輸出」2018.3.15

(35) huffintonpost.jp、「ベトナム、日本の原発建設計画を白紙撤回」
2016.11.22

(36) 2018年7月17日、中島哲演代表声明。

(37) 毎日新聞、朝刊、2017年3月29日（水）

(38) 毎日新聞、同上。

(39) 東京新聞、朝刊、2017年12月14日（木）

(40) 『カタクリ通信』、第33号、2018年7月28日。

(41) 朝日新聞、朝刊、2017年9月23日（土）

(42) www3.nhk.or.jp、「詳細東電刑事裁判」、2018.8.7
添田孝史『東電原発裁判』p.24、岩波新書、2017年。

(43) 『福島原発刑事訴訟支援団パンフレット』、2017年。

第4章

ドイツとベルギーの脱原発政策

第 4 章　ドイツとベルギーの脱原発政策

はじめに

　2011年6月、メルケル政権はドイツ原子力法の改正を行い、2022年12月末をもってドイツ国内のすべての原子力発電所を廃棄することを明らかにした。

　またベルギーは、脱原発法の規定に従い2025年9月1日に最後の原子力発電所を廃棄することになっている。2011年12月に成立したルポ（Di Rupo）を首相とする新政権は、この政策を確認した。

　ドイツとベルギーの脱原発法、政策を検討するのが本稿の目的である。ドイツの事例は、福島第一原子力発電所の事故の衝撃と無関係ではない。一方、ベルギーの事例は、福島第一原子力発電所の事故以前からの既定路線である。両国においていかに脱原発の政策決定が導かれたのか、その手法、原子力法、関連エネルギー法を検討しながら明らかにする。

　ドイツ、ベルギーの脱原発政策の展開にはある型がある。原発反対の環境保護運動の強い働きかけ、世論の形成、緑の党（政党）がこれを公約化、選挙に勝利し、政権参加による公約の実現、すなわち法制化という形が見られる。

　電力市場の自由化、再生可能エネルギーの拡大策も脱原発を容易にする大きな要因である。再生可能エネルギーの普及には、かなりの費用がかかり、電気料金の値上げにつながっている。しかし、原発の維持は安全性、倫理性のうえから受け入れられるものではないという政治的判断を読み取ることができる。

57

１．ドイツの脱原発

（１）現　状

　ドイツ連邦議会は賛成多数で2011年６月30日、原子力法を改正し、遅くとも2022年12月31日までに原子力発電所をすべて廃止するとした。連邦議会620人中513人（83％）がこの改正案に賛成した。[1]同年７月８日、連邦参議院もこの法案を認めた。福島事故から４ヵ月足らずでドイツはすべての原発の廃止の日時を明記した完全な脱原発を決めたのである。原子力改正法案、再生可能エネルギー促進法改正案を中心とする関連法を一括して改正、成立させたのである。[2]

（２）経　過

　この政策決定の背景には、1998年の社会民主党（SPD）と緑の党（Die Grünen）の連立政権の誕生、連立協定による脱原発推進、2000年６月の「原子力合意」、それに基づく2002年の原子力法改正があった。

　1998年９月20日の連邦議会選挙により多数派となったSPDと緑の党は連立政権樹立の交渉を始めた。その政策協定のひとつが脱原発の推進であった。1980年の結党以来、脱原発を主張してきた緑の党が初めて政権参加することとなり、公約実現の機会を得たのである。

　緑の党は、1983年の連邦議会選挙で初めて議会に入る。全原発の即時停止を求める政党であった。

　連立政党の10月14日の原発撤退に関する協定は、下記４点であっ

た。⁽³⁾

　　ａ．12ヵ月の期限で原発事業者と交渉、原発撤退計画の合意を得
　　　　ること。

　　ｂ．合意なきときは、脱原発法を制定する。

　　ｃ．100日以内に新規原発の建設禁止、再処理禁止の法案を起草
　　　　すること。

　　ｄ．2030年までに廃棄物を１ヵ所に集中する最終処理場の建設計
　　　　画をつくる。

　この協定にもとづき連立政権は脱原発に取り組んだ。脱原発のた
めにまず政府が原子力発電所を保有する４つの電力会社を呼び脱原
発について交渉を始めた。政府側はスタインマイヤー総理府長官
（SPD）、環境省専門担当官、経済技術省次官があたった。連立協定
の決めた12ヵ月の期限を過ぎても歩み寄りがなかった。原発の稼働
年数を制限するときの計算基準で対立したのである。トリッテン環
境相（緑の党）は合意なしの法改正を主張、シュレーダー首相と対
立した。また緑の党は、30年の稼働期間を主張、事業者側は35年を
要求した。2000年６月14日になり、首相、担当大臣、４社代表が最
後の交渉を行い合意した。両者不満のまま、32年の稼働期間で妥協
した。これがいわゆる原子力合意（Atomkonsens）である。
　下記が主要な内容である。

　　ａ．32年の運転期間を認める。

　　ｂ．原発敷地内に中間貯蔵施設をつくる。使用済み核燃料の輸送
　　　　を制限するためである。

　　ｃ．2005年７月以降は使用済み核燃料の再処理を禁止し、すべて

直接処分する。

d．ゴアレーベンの最終処分施設の試掘調査を中断する。

e．政府は原子法を改正し、既存原発の運転を制限、新設を禁止する。

シュレーダー政権は、この合意を受けて原子力法を改正、2002年4月に改正法が施行された。

この法律は稼働期間を32年としたが、定期点検などの原発の停止期間をこの32年に算定しない、すなわち稼働期間を正味32年と計算する規定をしているので、原発廃止の日を確定できないのである。

使用済み核燃料の再処理の禁止と原発の新設禁止が、既存原発の段階的廃炉と一緒になって規定されているのが特徴である。また再生可能エネルギーの確保のためのエネルギー法が同時に改正されている。

2000年の脱原発合意以降、ドイツは再生可能エネルギーの拡大政策に突き進んだ。フィード・イン・タリフ（Feed-in Tariff：いわゆる再生可能エネルギーの「固定価格買取制度」）、電力税、CHP法（バイオマス使用のコウジェネイション）などの方法を取り、再生可能エネルギー普及に努めてきた。フィード・イン・タリフは、再生可能エネルギーによる電力を固定価格ですべて買い取る制度である。2000年の「再生可能エネルギー法」に規定された2011年には、水力を除いた再生可能エネルギーの占める割合が13.5％となった。[8]

しかし、2005年の連邦議会選挙で、SPDと緑の党は議席の過半数をとることができず、緑の党は政権から去る。キリスト教民主同盟／キリスト教社会同盟（CDU／CSU）とSPDが大連立を組み政権

を樹立することになった。脱原発政策に関しては、原発容認のCDU
と脱原発のSPDは合意できず、不一致であるとの声明を出した。[9]
こうして大連立政権では脱原発の原則は変化しなかった。[10]

　ところが、2009年の連邦議会選挙で保守党政権（CDU／CSU、
FDP）が成立すると、長期エネルギー計画がつくられ、17基の原発
の稼働年数を平均12年間延ばす方針が取られた。[11]そして2010年10月、
原子力法をそのように改正し2010年12月これを施行した。メルケル
首相は、電力業界の意向を尊重し原発は必要であると述べた。野党
の緑の党とSPDは反発した。ドイツ各地で抗議行動が起こる。そう
した状況のなかで福島第一原発事故が起こる。

　2011年3月11日、福島原発事故が報じられるとメルケル首相はそ
の4日後、1980年以前から稼働している7基の原発について即時停
止を命じた。[12]事故当時、16基が動いていた（1基停止中であった）。
メルケル首相の要請により原子炉安全委員会はこれら17基の原発に
ストレステストを行い、安全性を確認したとメルケル首相に報告し
た。[13]

　さらにメルケル首相は、4月4日「安全なエネルギー供給に関す
る倫理委員会」をつくり原発の是非を問うた。この委員会は原子力
技術の専門家を除いた17人で構成された。5月30日、この倫理委員
会は、「福島事故により原子力発電のリスクは大きすぎるので、一
刻も早く廃止し、よりリスクの少ないエネルギーに代替すべしとの
結論をメルケル首相に提出した。[14]具体的提案として、「福島原発事
故後に停止させた7基を廃炉とし、残り9基を2021年までに停止さ
せること」を提言した。[15]

　メルケル首相はこの倫理委員会の報告から1週間後の6月6日、

61

原発全廃を閣議で決めた。ただ停止の年を提案より1年延ばし2022年12月31日とした[16]。こうして2011年6月30日、最期の原発の消滅日を明記した改正原子力法は関連法案ともに連邦議会を通過した（620人の議員中513人が賛成、83%）[17]。反対したのは、即時廃止を主張する左翼党（Die Linke）であった[18]。左翼党は脱原発法が段階的廃止を規定しているので反対した。連邦議会に議席を有すべての政党は脱原発については一致していたということである。法案は7月8日、連邦参議院を通過して成立した[19]。

　メルケル首相は、フクシマ事故が自身の核エネルギーの姿勢を変えたと、6月9日の議会演説で述べた[20]。

　原発の稼働を延長したメルケル首相が、福島原発事故後直ちに方針を変えたのは、ドイツの政治状況を判断してのことである。事故の翌日、ドイツ南部で6万人のデモがあった。また、ベルリンをはじめ、主要な大都市で大規模な反原発デモが続いた。福島事故から16日後、南西部のバーデン・ヴュテンベルク州で州議会選挙が行われ、58年間政権を維持してきたCDUが敗れ、緑の党が24.2%の得票を得て、SPDと連立政権をつくり、緑の党から州の首相を出すこととなった[21]。また同日のラインランド・プハルツ州の議会選挙でも緑の党が15.4%を獲得した[22]。原発に固執していたら、緑の党が票を奪う、原発推進と公告するのは自殺行為と考えられた[23]。

　ドイツの公共放送局ARDの2011年4月の世論調査では、回答者の86%が2020年までに原発を廃止すべしと主張した[24]。

　2013年9月22日、連邦議会選挙があり、メルケル率いるCDUが41.5%の票を得て第一党の座を維持した[25]。メルケル首相が引き続き政権を担当することが確実であり脱原発の政策は影響を受けない結

果が出た。今まで連立を組んできたFDP（自由民主党）が連邦議会での議席を失ったので、メルケル首相はCDUと連立を組む政党を緑の党かSPDとする選択をした。[26]

表1　2013年9月のドイツ連邦議会選挙結果

CDU / CSU（連合）	311議席
SPD（社会民主党）	193議席
Die LINKE（左翼党）	64議席
Die Grünen（緑の党）	63議席

出典：de.wikipedia.org/wiki/ Bundestagwahl_2013

　再生エネルギー法の改正も脱原発の重要な柱をなしている。再生可能エネルギー法（改正）は、2012年1月1日に施行された。電力供給における再生可能エネルギーの割合を数値で示した。EUの再生可能エネルギー促進指令2009／28／ECの国内法化の側面もある。電力の固定買い取り制度を柱にしている。再生可能エネルギー法は脱原発の実現と気候変動対策を具体的に実現する法ということができる。

　　2020年　35％

　　2030年　40％

　　2040年　65％

　　2050年　80％

63

２．ベルギーの脱原発

（１）現　状

2003年に成立した「工業的発電のための原子力エネルギーの段階的廃止に関する法律」により廃炉を実施していく予定である。2011年10月28日、エリオ・ディ・ルポ政権（ルポ首相）が成立した時、政府は法律通り2015年より廃炉を進めることを確認している。[27]このベルギーの脱原発政策の確認は、ドイツのメルケル政権の脱原発政策の決定の後数ヵ月後にとられた。ベルギーのエレクトラベル社の親会社フランスガス・スエズの株価が、この報道（ベルギーでもドイツと同じく脱原発）により3.77％値下がりしたという。[28]

この2003年法は、原発の稼働機関を40年と定め、7基の原子炉ごとに、免許失効日を明記している。

> Doel 1　2015年 2 月15日
> Doel 2　2015年12月 1 日
> Doel 3　2022年10月 1 日
> Doel 4　2025年 7 月 1 日
> Tihange 1　2015年10月 1 日
> Tihange 1　2023年 2 月 1 日
> Tihange 1　2025年 9 月 1 日

ただし、法律は以下の 4 つの場合、原発廃止の方法を再検討することができると明記した。

1 ）閣議の決定に基づいて法を改正すること。

第4章　ドイツとベルギーの脱原発政策

　　2）電気・ガス規制委員会の助言による変更

　　3）エネルギー供給の安全性が脅かされる場合

　　4）不可効力による場合

（2）経　過

　1999年5月13日の連邦議会総選挙により新たな政府が成立し、選挙公約の脱原発が実現するのは、ドイツより1年遅い1999年である。ベルギーで「虹」の連立政権が誕生した（各党のイメージカラーからそう呼ばれている）。自由党、社会党、緑の党の連立政権である。緑の党が脱原発を公約していて、連立政権の協約に脱原発が入れられた。緑の党は、ベルギーのグリーンピース代表（1989年から1999年）をしていたオリビエ・ドゥルーズ（グリーンピース・ベルギー元代表）が緑の党議員として当選、新政権でエネルギー大臣となった。

　　　　表2　1999年5月13日　連邦下院総選挙による議席

政　党　政権党は150議席中94議席を占める		
フランドル自由民主党	23	（連合政権）
キリスト教民主党	22	
社会党（ワロン）	19	（連合政権）
自由改革党	18	（連合政権）
フィレミシュブロック	15	
社会党	14	（連合政権）
エコロ（ワロン）	11	（連合政権）
環境党（フランドル）	9	（連合政権）
社会キリスト教	10	
VU ZD	8	
国民戦線	1	

出典：長谷敏夫「ベルギー脱原発法の成立とその展開」、『日本土地環境
　　　学会誌』第14号、2007年11月、p.52

65

この政権は2003年1月に脱原発法を成立させた。既存原発の40年の稼働期間を定め、新規の建設の禁止を骨子とする法であった。

2003年の連邦議会総選挙で緑の党は議席を減らし野党となった。緑の党は20議席から4議席となった。[29] オリビエ・ドゥルーズは落選し議会を去る。その後、国連環境計画（UNEP）に局長の職を得た。ベルギーの事例は、ドイツと類似している。緑の党の入閣、脱原発法の制定、その後の選挙により議席を減らし野党に転ずる点である。ドイツ、ベルギーの場合、緑の党が連立政権に参加していなければ脱原発は実現していなかったであろう。

2005年、フェルホフシュタット内閣は、原発の稼働期間を20年延長する提案を行った。脱原発による電力の輸入コストの高さ、京都議定書の炭酸ガス削減目標の要請のために、原発の稼働期間の引き延ばしを提案したのである。しかし、この提案は実現されなかった。

2009年、ファン・ロンパイ内閣は原子力代替エネルギーの不安から、原発を所有運転するエレクトラベル社との間で、2015年廃止予定の原発3基の10年の稼働延長の同意をした。[30] これは、一番古い原発3基の稼働を50年とすることを意味した。しかし、2010年4月末、政治危機のため議会が解散され、2003年法の改正ができなかった。この選挙後から、2011年12月はじめまで内閣が成立しなかった。2011年12月6日にやっと成立したルポ内閣は、2003年法に立ち戻り脱原発を進めることになった。ただし、電力の供給が脅威にさらされない限りとの留保を付けている。[31][32] 2014年10月、このルポ内閣が瓦解、シャルル・ミシェル首相のもとに新政権が成立した。ミシェル首相の政権は最も古い2基を10年運転延長するとした。政府と電力事業会社は2025年までこの延長を行うことで合意した。2018年3月

30日、この内閣は脱原発政策の維持を確認、2025年までに7基全部を廃炉とするとした（jaif.go.jp.2018.12.31「ベルギー新エネルギー戦略」）。ベルギーの古い原発稼働について隣接するドイツ、オランダは深刻な事故を心配している。

ベルギーではこのように1999年の脱原発政策の採用から、原発に替わるエネルギーの確保とからみで稼働年数を変更する提案が繰り返し行われてきた。55％の電力を原子力に依存してきたベルギーであってみれば、原発の廃止に伴う不足分を補う代替エネルギーの確保を確実なものとすることが要請されているのである。

2003年のベルギー脱原発法はいったん成立したのち、改正の機会があったが、一度も変更をされていない。これはベルギーの政治状況と関係する。内閣が常に複数の政党による連立政権で、ワロン地方とフランドル地方が対立し、安定した政権の維持が難しい。脱原発法の改正を内閣で決めても、議会に提出されるまでに、議会が解散されたり、また内閣が瓦解してしまうことが起きるためである。このように改正ができにくい政治状況がある。

しかし、新しい原発建設の禁止は一貫している。

3．脱原発の将来

ドイツ、ベルギーでは原発反対運動が強力である。とりわけ集会、デモが盛んである。世論の脱原発への支持が多い。脱原発を主張する緑の党の存在、政権参加による脱原発法の成立というパターンがドイツ、ベルギーに共通に見られる。

ドイツ、ベルギーでは緑の党の政権参加により、脱原発法の制定

がまず行われた。脱原発法は原発の新設を認めず、既設原発の稼働期間を一律に決める方法をとった。両国とも政権が変わり、緑の党が政権を去ると、保守党を中心とする新政権が稼働期間の延長を決めた。

　ドイツの場合は12年の稼働期間の延長を決めた3ヵ月後、福島第一原発事故が起こり世論は脱原発に強く傾いたため政府は当初の脱原発路線に立ち返ることになった。脱原発政策を採用しないなら政権の維持ができない状況が生み出されたのである。2013年9月22日の連邦議会選挙でメルケルの率いるCDU／CSUが勝利し、引き続き政権を担うこととなった。この勝利にはメルケル首相が脱原発への転換を決断したことが大きく作用した。

　ベルギーは、緑の党の政権参加により2003年の脱原発法の制定が可能となった。法制定後の選挙で、緑の党が敗れ政権を去った。その後2度の稼働期間の延長を内閣が決めるも政治の混乱で議会の承認が得られなかった。2011年12月に成立したルポ内閣は福島第一原発事故の衝撃もあり、2003年の脱原発法の定め通り原発の廃止に向かう方針を取った。2014年10月11日に発足したミシェル内閣も最も古い原発の廃炉を10年延長した。そのうえで2025年に全原発を廃炉とする閣議決定をした。

　ドイツでは、再生可能エネルギーの導入が急速にすすめられ気候変動対策と脱原発の目的を達成しつつある。

　ドイツ、ベルギーの脱原発法は原発の廃止される日を明記している。原発をどうするかに明確な政策が打ち出されている。これにより産業界、金融界にとっては、はっきりとした見通しをもとに投資を進めることが可能である。再生可能エネルギーをひたすら拡大す

第 4 章　ドイツとベルギーの脱原発政策

る方向がはっきりしている。平和で安全な国に住みたいという願望
により適合的な国がドイツとベルギーである。

【注】

（1）熊谷徹『脱原発を決めたドイツの挑戦』p.19、角川SSC新書、2012年。
（2）梶村太一郎「脱原発へ不可避の転換に歩みだしたドイツ」p.266、『世界』2011年8月号。
（3）梶村太一郎「脱原発に踏み出したドイツ」p.42、『世界』2000年9月号679号。
（4）梶村太一郎、同上、p.43。
（5）同上、p.44。
（6）同上、p.45。
（7）梶村太一郎「ドイツ原発全廃へ」反原発新聞、no.268号、2000年7月。
（8）高橋洋「3・11後の再生可能エネルギー選択」p.199、『世界』2011.9
（9）川口マーン恵美『住んでみたドイツ8勝2敗で日本の勝ち』p.47、講談社、2013年。
（10）同上。
（11）熊谷徹『脱原発を決めたドイツの挑戦』p.36、角川SSC新書、2012年。
（12）熊谷徹、同上、p.16。
（13）同上。
（14）熊谷徹、同上、p.17。
（15）同上。
（16）熊谷徹、同上、p.18。
（17）川口マーン恵美、同上、p.50。
　　　連邦議会の脱原発法議決では左翼党のみが反対した。左翼党は、即時原発廃止を主張し、政府案が生ぬるいとの理由で反対したのである。
（18）同上。
（19）熊谷徹、同上、p.18。
（20）梶村太一郎「脱原発へ不可逆の転換に歩みだしたドイツ」『世界』2011.8、p.272。
（21）熊谷徹、同上、p.24。
（22）熊谷徹、同上、p.25。

(23) 同上。

(24) 熊谷徹、同上、p.26。

(25) 朝日新聞朝刊　2013年9月24日（火）

(26) Die Zeit, 26. September.2013, No.40, "Und was ist jetzt besser? Schwarz-Rot? Schwarz-Grun ?"、2013年10月17日読売新聞（朝刊）は、緑の党とCDUの連立交渉は結裂、SPDとの大連立の可能性が高まったと報道した。緑の党とCDUは、税制について同意できなかった。

(27) www.20 minutes.fr, 2013.10.1

(28) www.lemonde.fr, 2013.9.30

(29) 長谷敏夫「ベルギー脱原発法の成立とその展開」p.51、『日本土地環境学会誌』第14号、2007年11月。

(30) ファン・ロンプイ（Van Rompuy）は、2008年12月から2009年11月迄首相を務めた。その後ヨーロッパ理事会（European Council）議長（大統領）に任命された。

(31) Professeur Luc Levysen, Gent Universiteit, Belgie, 2013.9「手紙」

(32) ルポ（Di Rupo）首相は、イタリア移民二世、フランス語圏、社会党（ワロン）出身、ゲイであるなどベルギー首相としてはきわめて異色である。

【参考文献】

脇坂紀行『欧州のエネルギーシフト』岩波新書、2012年

Michael Bocher, Annette Elisabeth Toller, "Umweltpolitik in Deutschland" Springer, 2012

第5章

気候変動に関するパリ協約

第5章 気候変動に関するパリ協約

"Paris Agreement of UN Framework Convention on Climate Change", UN Conference Kitakyushu, 2017

Paris Agreement of UN Framework Convention on Climate Change

We have highest temperatures, severe floods, unusually bigger typhoons, and hurricanes these recent years. In 2015 the average CO_2 concentration reached 400 ppm, 144% increase above the pre-industrial era.[1]

420 ppm of CO concentration is the limit to keep below 2 degrees Celsius rise.[2] The international society recognized the need to combat the climate change within the framework of UN, and keep negotiating. Recent action is the adoption of "Paris Agreement" in December 2015. Let us review this Agreement and consider how we could cope with global warming.

1. Paris Agreement

On the 12th December 2015, the 21st onference of parties (COP 21) of UN Convention on the Climate Change adopted "Paris Agreement" and Resolutions. This Agreement takes a new approach to prevent the on-going climate change from 2020.

Paris Agreement entered into force November 4, 2016 as 167 countries ratified among 197 countries. It is noted that it is the fastest international accord in history.[3] The prospect of a Trump victory in the US Presidential election has been

(4)
pointed out.

(1) It aims to hold 2 degree Celsius of average temperature rise above the pre-industrial revolution era. Possibly 1.5 degree Celsius by the end of 21 century.

(2) Each country makes comprehensive action plan (Intended Nationally Determined Contributions, INDC), according to which each member country (developed or developing), decides concrete objective and means to reduce the emission of (GHG) greenhouse gases. INDC shall be submitted to the secretariat of UNFCCC to be reviewed. Each member country shall review it after 5 years for improvement. The initiative of changing the goals and methods are up to each government in rewriting the INDC. This is bottom up approach, contrasting with the top down method of Kyoto Protocol, which sets the quantitative objective of reduction of GHG for developed countries.

(3) 100 billion US dollars shall be allocated each year for the Green Fund to help developing countries to take measures by 2020. (Decision 54) It shall be continued until 2025.

Paris Agreement have three important sets of rules: It aims to hold 2 degrees Celsius rise of the average temperature: all member countries are requested to participate and make INDC: the Green Fund to help developing countries to act.

第5章　気候変動に関するパリ協約

The method is to make INDC by which each government domestically decides its objective of GHG reduction and means. It is up to the member country to make the policy. In contrast to the Kyoto Protocol which stipulated the reduction rate for developed countries, while developing countries have no obligation to reduce the emission. Paris Agreement obliged all member states to make INDC, which means both developing and developed countries take measures to reduce the Gas.

To have all countries, including especially developing countries to take measures all together, it seemed necessary to make the Agreement easier and more accessible. It needs to attract some reluctant developing countries to participate. INDC and the Green Fund are therefore vitally important.

The secretariat gathered all INDCs in October 2015 and calculated the actual outcome and found the achievement of below 2 degrees Celsius limit is impossible. Rather the earth is heading for above 2.7~3.5 degrees Celsius rise, despite the pledge in Paris. So INDC should be further strengthened to achieve 2 degrees Celsius rise. [5]

The national pledges are collectively reviewed in a facilitative dialogue among parties in 2018, to see how much progress is being done toward the long term goal. (Paris Agreement's Decision 20) It calls for a global "stocktake" to be done in 2023 and every five years after. (Paris Agreement article 14.2) It covers all aspects of the Agreement's implementation. [6]

75

To succeed to having the agreement in Paris' COP21, China and US have closely cooperated. When Presidents Obama and Xi Jinping met in November 2014 in Beijing, and in September 2015 in Washington D. C., they made the joint announcements on the climate change, which is the subject both countries could completely agree.[7] The hosting French government initiative cannot be ignored. The president francais Hollande and the Foreign Minister Fabius played major roles in formulating the Agreement in Paris. Hollande visited Beijing, New Deli to persuade major countries before the Cop 21. Fabius was fabulous.[8]

EU and its member countries have been mostly influential in the process of UNFCCC. Hi ambition group with the support of EU and France had quite pressure to advance the negotiation in Paris.

After Cop 21 US President and China especially called for quick action in the signature event held in New York. In April 22, 2016 China signed the agreement in the UN ceremony. In November 3, 2016 China and US handed over instruments of joining the Paris Agreement to UN Secretary General.[9]

When Paris Agreement entered into force November 4, 2016, Japan has not ratified at this time. The Japanese government did not imagine so quick legislation of the Paris Agreement. Japan could not make it in the first COP of the Paris Agreement in Marrakech in November 2016 as signatory country.

The Japanese government sent a letter of ratification on the 8th November to the UN.[10]

2. Backgorund

It dates back to 1985 when the *climate conference in Villach* (*south of Vienne*) *was held by UNEP*, WMO and ICSU (Scientific Union). It discussed changing weather patterns and doubted the global warming. The Conference concluded more research is needed. So Intergovernmental Panel on Climate Change (IPCC) was established in 1988 to advise the UN. UN member countries admitted the need to have some strong action. Thus the UN General Assembly made the negotiating committee to make the convention. It should be made before the Rio Earth Summit to be held in June 1992.

UN Framework Convention on Climate Change (UNFCCC) was agreed in May 9, 1992 in New York to be signed at the Rio Earth Summit. In 1995 it came into force. Thus the conference of parties (COP) and the secretariat are created. UNFCCC did not prescribe the detail for the concrete measures, rather it leaves the COP to decide the detail later. The Ozone Hole negotiation process was a model. The Vienna Convention on Ozone Hole and later the Montreal Protocol which COP decided specific measures to ban the CFC.

According to the Convention, COP shall be held every year to decide the concrete policies to achieve the objective to stabilize the temperature. In December 1997, COP 3 of UNFCCC in Kyoto adopted the Kyoto Protocol, which is the first agreement to start the reduction of GHG. The Protocol obligated the developed countries to reduce green house effect gases at least 5% by 2012, while developing countries are exempt. It is based on the idea of common and differentiated responsibility.

As the US withdrew the Kyoto Protocol, it waited until 2005 to come into force. The Kyoto Protocol would finish in 2012 after which new agreement was needed, but too difficult to make it. The only solution was to extend it to 2020. In Doha Qatar, COP18 adopted "Doha Amendment to the Kyoto Protocol". It extends Kyoto Protocol until 2020. In the meantime COPs had to continue disparately negotiating new agreement after 2020. COP21 in Paris seemed last chance to have new agreement.

3. Some Problems

The 2 degrees Celsius rise is political decision, a compromise. With the 2 degrees Celsius rise, the further climate change, the sea level rise are inevitable. The mitigation and adaptation are necessary to cope with the climate change. Thus the Green Fund are provided to compensate the damages.

The article 4 of Paris Agreement demands the earliest time to reach the global peaking of GHG emissions. Developed countries could reduce drastically while some developing countries like China and India continue to increase the emissions. The global peaking of the GHG emission [11] is long away.

The secretariat of Paris Agreement estimates the rise of 2.7∼ 3.5 degrees Celsius even if Paris Agreement would be faithfully executed. Further additional efforts are necessary to achieve 2 degrees Celsius rise.

On the June 1, 2017 President Trump disclosed the intention to withdraw from Paris Agreement and to stop giving 2 billion dollars to the Green Fund. [12] Legally US cannot quit it for four years. (Paris Agreement, article 28) As it came into forth in November 4, 2016, US can be out of it in November 2020. It is very negative for the future of Paris Agreement.

Under the Kyoto Protocol, Japanese efforts are not considered enough. According to the Climate Governance Report, Japan is the only underachiever among large economies. Japan's Emission is about 5 above the target. [13]

Japanese INDC gives the impression that Japan could do more to reduce GHG, especially by developing more the renewable energy. Japanese government sticks to the maintenance of nuclear energy, despite the majority public opinion against it. It intentionally slows down the further development of renewable energy.

【Footnotes】

(1) news.mynavi.jp "Science Portal," 2017.10.10

(2) news.mynavi.jp, ibid.

(3) November 2, 2016 chinatoday.com.cn,2017.10.10

(4) Financial Times, Friday 4 November 2016.

(5) ibid.

(6) William Sweet, "Climate Diplomacy From Rio to Paris", p.176, Yale Uniersity Press, 2016.

(7) Toshio Hase, "Trend of Climate Change Policy in China," Environmental Law Journal, no.41, 2016.

(8) Yukari Takamura, "Evolving International Climate Change Regime: the Paris Agreement and its Prospect and Challeng", p.19, Environmental Research Quarterly, March/2016 No.181.

(9) Nihonkeizaishimbun, 3 November 2016.

(10) Nihonkeizaishimbun, 9 November 2016.

(11) China's greenhouse gas emission is 28.7%, US 15.7% in 2013. (Hase p.104.) China continues to increase the emissions until 2030, although the energy efficiency is improved and other measures taken. India's INDC shows the same tendency until 2030.

(12) Mainichi Shimbun, 2017.6.2

(13) Sweet, ibid., p.137.

【References】

• Sandrine Maljean Dubois et Matthieu Wemaere,, "COP21: La Diplomatie Climatique de Rio 1992 a Paris 2015", Pedone, 2015.

• Toshio Hase, "Trend of Climate Change Policy in China", Policy, Environmental Law Journal No.41. 2016.

• William Sweet, "Climate Change Policy from Rio to Paris", Yale University Press, 2016.

第6章

中国の気候変動政策の動向

第6章　中国の気候変動政策の動向

はじめに

　環境法研究37号（特集京都議定書の法政策２）2012年のなかで、奥田進一会員は『中国の温暖化対策をめぐる法政策』を書かれた。本稿は、この論文を踏まえ2016年５月までの中国の気候変動政策の動向を描くものである。おりしも2015年11月30日から12月12日まで国連気候変動枠組み条約締約国会議（COP21）がパリで開かれ、京都議定書の後の国際的な気候政策について合意を見た。さらに2016年３月に第13次５ヵ年計画が中国の全国人民代表大会（以下、全人代）で承認され、新たなる気候政策が展開されようとしている。

　本稿では中国の国際社会での主張を中心に考察する。2015年、COP21でのパリ協定成立のために中国は、米国と歩調を合わせた。中国は途上国として先進国とは違った形で責任（削減義務）をはたす姿勢を見せたが、限界が見られる。

　中国の二酸化炭素の総排出量（100億トン）は、世界一（約30％）でヨーロッパと米国の合計（90億トン）[2]よりも多い現状があり、中国の排出量の行方（中国の気候変動政策）が全地球的に決定的に重要な要素になる。中国人１人当たりの排出量は51位（１人当たり年７トン）、11位の米国（17トン）の40％[3]である。中国は途上国として、温室効果ガス削減の義務をいっさい負わない立場をとってきた。しかし、今後の国際的気候変動対策は、途上国にも削減を求めざるを得ないところにまできていて中国の気候変動政策にも重大な変更を求めている。

83

1．1997年12月京都議定書の交渉過程で

　中国は1992年に気候変動に関する国連枠組み条約に署名し、1994年にこれに加入した。1995年の本条約第1回締約国会議（COP1、ベルリン）では途上国の立場を代表し先進国の温室効果ガスの削減義務を強く主張した。途上国は持続可能な発展に邁進しなければならない。「共通だが差異ある責任」を堅持し、途上国の温室効果ガス削減義務の免除と途上国に対する資金援助の強化を主張してきた。さらに国連の枠組みのなかでの決定に関しては全会一致の原則を主張した。

　途上国である中国は経済成長路線を優先しなければならず、温室効果ガスの削減には応じない基本姿勢を貫いてきた。中国は1997年12月の京都会議（COP3）でもこの立場で先進国に対応した。それで温室効果ガス削減に関して途上国の自主的参加を意味する条文の挿入に強く反対した（温室効果ガスの削減義務を途上国が負わないことを強く主張してきたのである）。米国により排出量取引が提案されたとき、その導入に反対した。排出量取引に関する京都議定書案第10条の規定をめぐる対立である。中国はこの第10条の削除を求めた。この制度の導入が途上国に温室効果ガス削減義務を及ぼすのを恐れたのである。さらに途上国の温室効果ガス削減への自主的参加の規定にも反対した。

　しかし米国は排出量取引の導入を不可欠と主張し、それが入らない議定書は受け入れられないと主張した。エストラダ京都会議議長は排出量取引を先進国に限定することで中国に譲歩をせまった。中

国は交渉の最終段階で「排出量取引を先進国のみの制度に限る」とすることでこれを認めた。

　一方、米国は途上国の温室効果ガス削減への自主的参加条項を削除することで妥協した。京都議定書は最終段階（12月11日）で、この妥協により成立した。途上国は削減義務を負わず、先進国のみが温室効果ガスを削減する内容となったので中国は京都議定書に加入することになった。

　米国で2000年、大統領選挙があり、京都議定書の成立に努力したアル・ゴア民主党候補が敗北し、共和党のブッシュが大統領に選出された。この新政権は京都議定書からの離脱を表明した。ブッシュ大統領は2002年の演説で京都議定書の加入拒否理由を「京都議定書では削減義務が一方的に米国にのみ課され中国に課されていないのでアメリカの産業界が国際競争で不利になるので容認できない」と述べた。[4]

２．京都議定書からパリ協定への長い道のり

　世界の４分の１の温室効果ガスを排出していた米国の離脱にもかかわらずEU、中国、日本、カナダ、ロシアなどの批准で京都議定書は2005年２月に発効した。この間にも中国の温室効果ガス排出量は増え続け、2007年に米国を抜き世界一となる。[5]　2013年には、全世界の28.7％の温室効果ガスを出している。[6]　2014年統計では、温室効果ガス排出量は中国9,680百万トン、米国5,561百万トン、インド2,597百万トンとなっている。[7]

　2005年に米国抜きで発効した京都議定書のもとで世界一のガス排

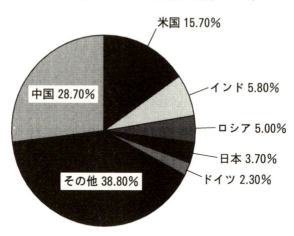

図1 各国の炭酸ガス排出量の割合 2013年

www.jacca.org、2016.4.17『世界の二酸化炭素排出量』より作成

出国の中国、第二の排出国米国が何ら削減義務を負わず排出量を増加させていった。米国、中国両国の排出量が全世界の40％以上を占める状況のなかでは、京都議定書に参加した先進国だけの努力だけでは全世界の排出量が減らないことがはっきりしていた。

しかし先進工業国は、古い世界秩序（豊かな国と貧しい国の併存する）をそのままにして、中国、ブラジル、インドネシアなどの新興工業国により強い義務をとることを求めた。中国は、途上国の代表としてこれらの動きを封じ込めようと行動した。[8]

（1）2009年米中第1回首脳会議（オバマ政権）

2009年11月、オバマ米国大統領は就任後はじめて中国を訪問し、胡主席とはじめて首脳会議を行ったが、気候変動問題に関しての合意は得られなかった。[9] 2009年、米国経済の低迷と回復した中国経済

第6章　中国の気候変動政策の動向

の明暗がはっきりしていた。オバマ大統領は中国とうまくコミュニケーションが取れなかったのである。[10]

（2）コペンハーゲン会議（COP15）

京都議定書の期限が2012年にくるので、その後の体制についての合意を目指したのがコペンハーゲン会議（COP15）であった。各国の首脳が集合した。京都議定書後の体制をつくらなければならず、2009年12月開催の第15回コペンハーゲン会議（COP15）がぎりぎりの期限であった。

このCOP15でも中国は途上国に排出枠を設けることに強硬に反対し、妥協の姿勢を見せなかった。途上国に対する温室効果ガスの削減の義務づけに強く反対したのである。COP15は法律的拘束力をもった削減目標を有する議定書の採択に至らなかった。COP15は新枠組の構築に失敗したとされ中国のかたくなな主張も非難を受けた。中国は温暖化に後ろ向きとのイメージが広がった。[11]

英国のガーディアン誌は、オバマ米国大統領が中国を追い込み、妥協を逃したと非難。ドイツのシュピーゲル誌も中国と米国の対立がコペンハーゲン会議の交渉を麻痺させたと批評した。[12]中国は先進工業国の責任と削減義務をためらいなく主張し、アメリカは中国の削減への義務的取り組みを求めた。

（3）中国の政策の軟化

途上国として削減義務を受け入れること一貫して反対してきた中国がその受け入れを表明するのは、2011年になってからのことである。2011年12月のCOP17（ダーバン）の交渉過程で中国は初めて

87

2020年からの削減義務の受け入れを表明した。この発言はほかの参加国の注目を引くこととなった。[(13)][(14)]

　この中国の変化は、中国に対する国際的非難とともに国内事情からも説明が可能のようである。石炭の燃焼による大気汚染は中国の大都市を広範囲に襲い、産業活動そのものを阻害し、住民による反対運動が強くなってきたからである。[(15)]中国国営テレビのジャーナリスト　チャイ・チングは、2015年２月、ドキュメンタリー　映画『ドームの下』（Sous le Dôme）をつくり、ユーチューブで公開した。２億人の中国人がこれを見て、憤り、政府が無視できない状況をつくり出した。この映画は大気汚染の深刻化と政府の対策の不備を伝えた。[(16)]公開後３日でこの映画は中国では閲覧できなくなり、制作者チャイ・チングも取材を拒否し沈黙を余儀なくされている。

　2012年に国家気候変動対応計画、国家気候変動適応全体戦略2012がつくられた。気候変動による災害が頻発し中国の繁栄に対するリスクとみなすようになった。[(17)]中国では気候変動により、毎年320億ドルの損失が出ていると試算されている。[(18)]

　中国では年間160万人が大気汚染により死亡しているとの指摘もある。[(19)]国内政治上も深刻化する大気汚染に対策を迫られていることが容易に理解できる。

　2015年12月のCOP21開催中も北京でPM2.5の深刻な汚染が広がり赤色警報が発令され学校の閉鎖、工場の操業停止、車両の制限など緊急対策が実施された。[(20)]赤色警報は、大気汚染に対する最高レベルの警報であり、北京市は初めてこれを発動した。「青」「黄」「オレンジ」「赤」の４段階を取っている。

（4）2014年11月の米中首脳会談（転機）

2013年7月に開かれた第5回米中戦略・経済対話は15名の閣僚が参加した。この会合から、米中は気候変動の問題についても定期的に会談することになった。(21)

2014年11月、北京でAPEC（アジア太平洋経済協力会議）首脳会議が開かれ、その折に米中の首脳が会談したのである。この米中首脳会談で2020年以降の気候変動政策に関して米国が25年までに05年比で26〜28％の削減を約束した。そして中国は温室効果ガス排出量を30年から減少に転じさせ、非化石燃料を第1次エネルギーの使用のなかで20％に引き上げる目標を表明した。(22) パリ会議（COP21）での合意を導くため協力を進めること、車対策、省エネ、炭酸ガスの吸着について米中の気候変動作業グループの設置を決めた。(23) 米中首脳会談は経済関係に関することがほとんどであったが、気候変動についても米中が合意したのである。

これは、パリ会議（COP21）での中国、米国の削減の約束に繋がる目標の表明であり、2014年11月の時点でこれを決めたことが注目される。この米中合意は歴史的にも画期的である。(24)

2014年11月の共同声明では、共通であるが差異ある責任の原則、国ごとの異なった状況と能力に応じた実行を確認している。参加国の温室効果ガス削減目標について米中はこれを法的義務にしないことで合意した。削減について法的義務を負うことになると米国は議会の承認が必要となり、共和党支配下の議会では協定の批准が望めない。また中国にとって温室効果ガスの削減は自主的なものでなければならない。(25) このように米中の利害が一致していたことがこの合意につながった。

この米中の2014年11月の北京合意によりその直後に開かれたリマ
での会議（COP20）は、コペンハーゲン（COP15）の失敗の悲観を
取り去り、さらなる削減を進める期待を抱かすことになった。[26]米中
の温室効果ガス削減目標が明確に示されたからである。

　この2014年11月の米中大統領共同声明で、中国が初めて温室効果
ガス排出のピークを2030年とすることを約束した点に注目する必要
がある。

（5）2015年9月の米中首脳会談（パリ協定成立への米中協力）

　さらに2015年9月のワシントンでの米中首脳会談で、中国は2017
年から全国排出量取引の市場をつくることを表明した。[27]鉄鋼、発電、
化学、建材、製紙、非鉄金属、などの基幹産業が対象となる。これ
は中国が温室効果ガス削減にキャップ・トレードを導入して、全国レ
ベルでの取り組みを始めるということである。2011年10月から中国
は排出量取引導入のためパイロットプロジェクトを5つの都市と2
つの省で実施してきた。この試行は対象としたそれぞれの都市、省
の35〜60％の排出量を対象とした本格的なものであった。[28]中国はこ
の実行を踏まえて本格的に実施することになった。一方、米国では
連邦レベルでの排出量取引がない。

　第二に中国が途上国の温暖化防止対策のために31億ドルを出すこ
とを表明した。これは国連を通じたグリーンファンドへの供出では
なく中国独自のルートを通じたものである。米国はグリーンファン
ドに30億ドルの拠出を申し出た。先進国としてこの額は少ないと評
価されている。

　首脳会議では主な問題はサイバー問題、南シナ海の中国進出に関

90

第6章　中国の気候変動政策の動向

するものであり両国は対立した。そのなかで唯一温暖化に対して合意したものであり、この合意は格別のものであった。米中は首脳会談により温暖化政策を互いに約束しながら進める形をつくりあげた。[29]

　2015年の時点で中国の温暖化対策への取り組みは真剣なものであるとの報告がある。[30]李首相は、2015年9月の米中首脳会談に先立ち6月、パリで温暖化に対する中国の取り組みを強調した。

3．パリ第21回締約国会議（COP21）

　2015年11月30日から12月12日まで、パリでCOP21が開かれた。196ヵ国・地域が参加した。しかも150ヵ国から首脳を会議の初日にパリに集めたのである。[31]COP21の議長国フランスは、大統領、外務大臣を中心に環境外交を強力に進めた。フランスのCOP21に対する根回しには目を見張るものがある。

　COP21の主催国としてオランド（フランス）大統領が2015月11月に北京を訪問した。オランドはCOP21で中国が削減の約束をすること、およびその検証に法律的拘束力をもたせることについて合意を取り付けた。[32]すでに7月、中国は2030年までにGDP単位当たり（一定のGDPを創出する際に排出するCO_2の量）60％の炭素の削減を表明していた（2005年基準）。[33]

　2015年11月30日、COP21に出席する米中首脳はパリで会談を開き、2大排出国として行動することを重ねて表明、COP21での交渉での議論を指導するにいたった。米中の主張は削減量を数値化し文書に入れるのでなく、削減目標の設定を参加国の自主性に任せる

91

ことで一致し、パリ合意の内容をその方向でまとめさせたのである。この米中の合意がパリ協定をまとめるうえで決定的な役割を演じた。

フランスは後進国に対する新たな支援額の目標を25年まで示す内容での合意をめざした。先進国は1,000億ドルを毎年途上国の対策費として義務的に出さなければならないとするものでこの合意は達成された。フランスは一方、後進国に対しては先進国と後進国の二分論の緩和を求めたが、中国はあらゆる部分にこの二分論を入れることを要求した。しかし中国の主張は通らず、最終案ではすべての国に削減目標の作成と報告、その維持、国内対策による実行の義務を定めた。資金についても先進国の支援を義務的なものと規定しつつ（第9条1項）、その他の国は自主的に資金を供給する旨の規定を入れた（第9条2項）。

Article 9.

1. Developed country Parties shall provide financial resources to assist developing country Parties with respect to both mitigation and adaptation in continuation of their existing obligations under the Convention.

2. Other Parties are encouraged to provide or continue to provide such support voluntarily.

2015年9月の中国による31億ドルの温暖化対策のための途上国への拠出を表明したが、これは先進国がまず気候変動に責任を有するのでその対策をとるべきで、途上国の責任と異なるという主張を転換したように見える。先進国が義務として途上国に対策資金を出すのは当然である。しかし、中国は他の途上国を助けるべく途上国に

資金を提供するものである。途上国も自主的に資金を出すという合意（パリ協定）に沿うものである（パリ協定第9条2項）。中国の提案で新たに設立されたBRICs（ブラジル、ロシア、インド、中国）でつくった新しい開発銀行やアジア投資銀行を通じて途上国に融資することになる。中国は途上国の旗手として、他の途上国の尊敬を得ることを目指すことができる。

　パリCOP21に向けて、中国は、2015年6月30日に自主的国内削減政策（INDC）を条約事務局に提出した。これは、2014年11月の米中首脳会談での声明のなかで発表されたものと同じ内容であった。次のような内容になった。

　2030年に、温暖化効果ガス排出の増加を止める。すなわち2030年をピークとする。GDP単位当たりの温室効果ガス排出率を2030年までに60〜65％減じる（2005年基準）。2030年までに非化石エネルギーを20％に増やす。森林面積を増大させる。

　国際社会に示された中国の削減計画は、2030年までは、温室効果ガスを増加させ続けるというものである。2030年から減少をはかるという。ただGDP単位当たりの排出量を減らすという。GDPの増加は続くのであるから、排出量が増えるのは当然である。インドも同様の表現で対策をつくった。

　途上国としての中国は温室効果ガスのきわめて緩やかな削減計画と自主的な資金提供を約束したことになる。

　COP21の交渉で、中国と米国の一致した行動が合意に大きく働いたとの指摘がある。EUが気候変動の交渉に決定的な役割を果たしてきたが、パリ会議では米中のペースで交渉が進んだ。

　パリの協定書は、気温上昇を2度未満に抑えることを明記したが、

すべての締約国と地域の削減目標がすべて果たされても、気温は2.7度から3.5度上昇するとする試算がでた。各国は 5 年ごとに自国の目標を再検して、引き上げていかなければならない。中国にとっては、パリで示した温室効果ガス削減の国内政策の強化を目指さなければならない。

　中国と米国は、2016年 3 月の首脳会議でパリ協定の早期批准を進めることで合意した。2016年 4 月22日国連本部で、パリ協定の署名式があり、中国、米国は署名を終えた（この日175ヵ国署名）。

4．第13次 5 ヵ年計画（2016〜2020年）

　中国は、2016年 3 月 5 日開幕した全国人民代表大会で「第13次 5 ヵ年計画」の審議、決定がなされた。この「中華人民共和国国民経済と社会発展 5 ヵ年計画」は、過去60数年にわたりほぼ連続してつくられ実施されてきた。政治的な権威をもつことは全国人民代表大会の議決によることに明らかである。全国的な計画であり、経済・社会全般におよぶ計画であることに特色がある。この第13次 5 ヵ年計画には2016年から2020年のエネルギー計画が大きな柱として組み込まれている。パリ協定の締結、その批准を前提にこの計画がつくられた。

　この前の第12次 5 ヵ年計画でもエネルギー計画が示されていた。非化石エネルギーの第 1 エネルギーにおける割合を11.4％としていた。これが第13次 5 ヵ年計画では15％に引き上げられている。非化石エネルギーの割合を増やす姿勢が読み取れる。GDP単位当たりのエネルギー消費比率（2015年比）16％減だったのを、第13次計画

では2015年比で15％減とした。さらにGDP単位当たりCO_2の排出量を2010年比17％削減が、第13次計画では2015年比で18％削減とした。これらの数値目標は、パリ協定で求められる中国の約束する国内措置の実現のために入れられたと解釈できる。エネルギーの消費量は増加させるが、エネルギー使用効率の向上を目指すものである。以下、再生可能エネルギー、原子力発電、石炭、交通計画に分けて第13次5ヵ年計画のエネルギー政策を検討する。

（1）再生可能エネルギー

中国の2015年太陽光発電の建設容量は2014年度の1.7倍に達した。[44]風力発電量は、2013年までの累計で9万1412kwあり、世界全体の28.7％を占める。[45]中国の再生可能エネルギーの設備容量、発電量は世界一となっている。[46]2017年までに太陽光70GW、風力150GW、水力330GWとする。[47]これは第13次5ヵ年計画の非化石燃料の比率を15％とする計画に照応する。水力、風力、太陽光、原子力合わせて、2020年までに15％の比率を実現することであるが、残りのエネルギー供給の85％は化石燃料によるとするものである。第13次計画期間中（2016〜2020年）は温室効果ガスの増大が続くのである。

（2）原子力発電

第13次5ヵ年計画は再生可能エネルギーと原子力発電を非化石エネルギーとして、2030年の第1次エネルギーでの割合を20％とする中国のパリ会議での公約を実現するものである。

中国は原子力発電所の建設を精力的に進めている。2030年までに110基にするという。[48]現在、26基が稼働中で28基が建設中である。

95

2020年までに58GW（ギガワット）とする目標がたてられた。原子[49]力発電の増強は、石炭によるエネルギー源を減らし非化石燃料の割合を高めるという5ヵ年計画にも合致する。中国の原発による発電量は世界一となるが、中国のなかでは太陽光の発電能力にも及ばない。すなわち原発はきわめて低い割合しか占めない。

　中国の原子力発電の増強を見ると、エネルギー確保の思惑が明らかである。増大するエネルギー需要を満たすため、あらゆるエネルギー源を増やそうとしているのである。

　原子力発電は非化石燃料であるが、再生可能エルギーではなく、放射能の問題があるので温暖化対策の切り札にはならない。

（3）石　炭

　2013年の統計によれば、中国では石炭消費が全エネルギー消費の67.5％を占めた。[50]工業・IT省は2013年9月に大気汚染防止行動計画をつくり、2017年までに石炭の消費を全エネルギー消費の65％にする計画を立てた。[51]これは増え続けるエネルギー消費において石炭の占める割合を2.5％減ずる計画がたてられたにすぎない。石炭火力発電所の新規建設を3つの工業地区で禁止した。北京・天津、揚子江デルタ、珠江デルタ地区である。[52]

　2014年の石炭消費量は28億トンであるが、これを2020年からは42億トンで頭打ちとする計画である。[53]炭酸ガスとPM2.5の排出の多い石炭をこのように2020年まで増やし続ける計画がつくられた。

　PM2.5対策と気候変動対策の中核を占めるのが石炭エネルギー政策である。中国は世界第一の石炭消費国であり、安価なエネルギー源として経済成長に貢献してきた。しかし、今や石炭はその国内生

産量を上回る需要があり、2009年より中国の石炭の純輸入が始まっ
た。石炭の消費削減が難しいことがわかる。
(54)

　下記の図2は1990年から2016年までの石炭消費量の推移である。
エネルギー源の70％前後を石炭に依存してきたこと、温室効果ガス
たる炭酸ガスの主要排出源であるために石炭消費の推移を見ること
が必要である。

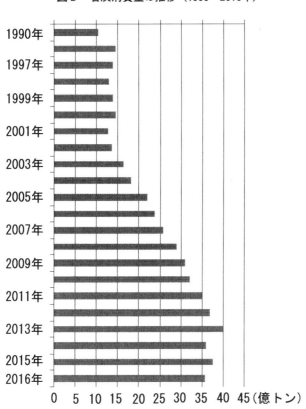

図2　石炭消費量の推移（1990〜2016年）

globalnote.jp「グローバルノート　国際統計」より作成、2019.4.3

2014年に中国の石炭火力発電量が2000年代にはじめて、前年より減少し、2015年も減る見込みと報道された。この減少は政策的なものでなく、経済循環のなかでの中国経済の不況によるものである。中国はこのように景気循環のなかで初めて石炭消費量を前年より減らしたが、経済不況が改善されればまた増加が始まると考えられる。中国が非化石エネルギーへの転換をうまく進めれば2030年の石炭消費量のピークを10年前倒しにする、すなわち2020年に実現する可能性も指摘されている。

（4）交　通

中国政府は自動車産業に対して省エネルギー対策を示した。自動車の省エネルギー政策として2020年までに5 L/100kmの効率を達成することとした。省エネルギー車に対しては50％の自動車税削減、電気自動車はゼロ％とした（2012年1月より実施）。しかし電気自動車のコストは高く税率がゼロであつても、電気自動車の普及が著しく増加するものではない。

毎年自動車の保有台数が増大するので炭酸ガスの排出量は増え続ける。この計画では2020年に2010年のGDPを2倍にする。そのためにGDPを年平均6.5％以上成長させるとしている。これは、第12次5ヵ年計画でGDPの成長率7％としたのに酷似している。これでは全体として温室効果ガス排出が増加するのである。単位当たりの排出量を削減、すなわち効率を上げても全体の排出量は減らないのである。毎年自動車が2,000万台〜3,000万台増加していく現状がある。この5ヵ年計画（2020年まで）は成長政策を維持するので、自動車による温室効果ガスの排出量は減少するどころか増加するのである。

第6章　中国の気候変動政策の動向

図3　中国の自動車販売台数（1995〜2017年）

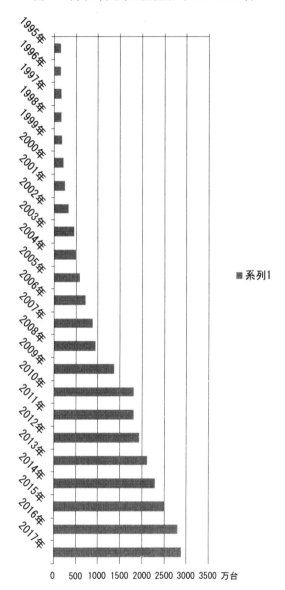

右記資料より作成：「中国汽車工業協会」marklines.com　2019.4.4

第13次5ヵ年計画によると非化石燃料の比率を15%（2020年）とする。GDP単位当たりCO_2の排出量を、2015年比で18%削減するとした（2020年）。これはさきに、気候変動国連枠組み条約の事務局に提出された中国のIDNC（Intended Nationally Determined Contributions：各国提案方式）の温暖化効果ガス削減目標を実現すべく挿入された国内措置に他ならない。

　第13次5ヵ年計画専門家委員会の一人、胡鞍鋼氏は、2020年までは、二酸化炭素排出量の増加率が毎年1％続き2025年頃がピークであるとの見通しを述べている。[60] パリ協定のために提出された中国のINDCが、2030年を中国の温室効果ガス総排出量のピークとすることに矛盾する内容ではない。

おわりに

　中国の温暖化ガスの排出量は2013年現在全世界の排出量の28.7%を占めるので、中国の動向は国際社会全体の気候変動政策においてきわめて大きな影響を及ぼす。米国（15.7%）、インド（5.8%）、中国の排出量を合計すると50.2%を占める。インドと中国（合計で34.5%）が2030年まで排出量を増やし続けるのでそれまでは温暖化ガスは地球全体としては減らない。

　IPCC（国連気候変動に関する政府間パネル）は厳しい現状分析と予測を突きつけた。特に2013年のIPCC第5次報告書「自然科学的根拠」は平均気温上昇と炭酸ガスの排出量増大が疑いの余地のないことであり、対策をとらなければ気候変動が破局的事態を招くと予測した。

第6章　中国の気候変動政策の動向

　COP21での主催国フランスは、外交の全力をあげて合意達成に動いた。2015年の11月にオランド大統領は北京を訪れ主脳会議に及んだ。中国は途上国としての中国の削減義務を否定するものでないが、途上国の特別の事情を考量することを求めた。交渉では一貫して中国は、途上国は先進国と同じ重さの責任を負うものではないとしてきた。⁽⁶¹⁾これは国際社会を二分する主張である。フランスはこの中国の二分法を抑え、すべての国が削減を目指す方向に交渉を導こうと努力した。⁽⁶²⁾

　米中両国は参加国の自主申告方式で削減目標を決めることに合意したうえでパリ会議に臨んだ。これは京都議定書のように国ごとの数値を示して削減を義務づけるものでなく、各国が自ら定める国内措置をとることを義務づける内容なので中国にとって受け入れやすいものであった。米国オバマ政権にとっても野党（共和党）支配の議会の承認を必要とされる数値目標の入ったパリ会議の合意文書ではまずい事情があった。

　このように自主申告方式（INDC）で削減目標を報告する方式は米中の都合に合致するものであった。それで中国の提出したINDCは2030年まで温室効果ガスの排出量を増やし続ける内容のものになった。インドも中国と同様な内容のINDCを提出した。

　中国にとって石炭依存によるエネルギー供給体制から脱することが容易ではない。太陽光、水力、風力、原子力エネルギーを増強しても、増大するエネルギー需要を十分意満たせないからである。中東の情勢から石油、ガスへの転換も難しい。このような状況であるので中国は石炭の依存から脱することができない。確かに中国は途上国として「共通だが差異ある責任」を維持し、それぞれの能力に

101

応じた対策を主張し、先進国とは違った対策が許されるとする立場を維持してきた。2016年の全人代で採択された第13次5ヵ年計画では、途上国としてとりうるこの自主的削減目標を掲げたのである。

中国の温暖化対策は、外交交渉（COP）から導き出された面がある。また米国と組んでそれぞれの国内事情を織り込んで大国としての責任を強調し共同行動をとり、他の諸国との合意を促してきた。少なくとも3回の米中首脳会談（2014年11月、2015年9月、2016年3月）で気候変動問題について戦略的合意をなし、共同してCOP21での合意成立に力を入れたと考えられる。1997年の京都議定書の合意達成と同じく、2015年のパリ協定の交渉がまとまったのは米中の合意が働いたことが大きいと思う。

さらに2016年3月、米中は共同して締約国がパリ協定を早期に（4月22日）に署名すべきことを訴えた。さらに両国は年内の批准を約束した。また両国は航空機の排ガスと温暖化ガスHFCの問題に協力してあたることを約束した。[63]

国内的には大気汚染がよりひどくなり、中国から逃げ出す人々がいる。とりわけPM2.5の汚染がひどく、室内で空気清浄機を部屋ごとに置かなければならない事態がある。石炭の消費を減らし、他のエネルギー源への転換が急がれるのである。しかし中東の情勢から石油、ガスへの転換も難しい。このような状況であるので石炭の依存から脱することができない。

習政権の中国の温暖化対策は象徴的には重要であるが、環境を犠牲にして経済成長を優先するものであり野心的とは言いがたい。[64]

中国やインドが、2030年までは、温室効果ガスの排出量を増加させ、世界全体として、ガスの濃度が増え続け、平均気温の2度の上

昇を達成することが難しい点がパリ協定の問題点として残る。その
なかで中国のガス排出量はダントツである。ただ中国の1人当たり
ガス排出量（1人7.5トン1年で51位）と米国（17トン1年、11位）を
比較すれば、中国に米国や他の先進工業国と同じ内容の削減策を求
めることは公平ではない。

【注】

（1）奥田進一『中国の温暖化対策をめぐる法政策』p.125〜141、環境法研
　　　究37号、2012年。

（2）Der Spiegel 9/2015, p.61.

（3）Frankfurter Allgemeine Zeitung 24.Februar 2016.

（4）京都議定書の削減義務が中国に果されていないのを理由として米国は
　　　京都議定書の批准を拒んだ。2002年NHKスペシャル「日本の21世紀の
　　　課題」、ブッシュ大統領演説より。

（5）IEA 2015年資料 "IEA CO_2 Emissions from Fuel Combustion 2015"

（6）本稿　図1「格国の炭酸ガス排出量の割合 2013年」より。

（7）Frankfurter Allgemeine Zeitung, 24. Februar 2016.

（8）Der Spiegel, 9/2015, p.61.

（9）小柳秀明『環境問題のデパート中国』p.135、蒼々社、2010年。

（10）津上俊哉『中国停滞の核心』p.198、文春新書、2014年。

（11）熊本日日新聞、朝刊、2015.12.2（水）

（12）George Monbiot, "Requiem for a crowded Planet", The Guardian,
　　　21.12.2009, Der Spiegel 49/2015.p.73, "{Alles} {wird} {gut}"

（13）中藤康俊『中国岐路に立つ経済大国』p.142、大学教育出版、2012年。

（14）DIR　コラム：金森俊樹「温暖化防止に向けて中国、そして日本は？」
　　　2012.1.5,www.dir.co.jp, 2016.4.9

（15）Der Spiegel, 9/2015, p.62.

（16）Chai Jing "Sous le Dôme" 2015.3.30, Youtube.

（17）Les Grands Dossiers de Diplomatie no.30, décembre2015-janvier
　　　2016, p.58.

（18）同上。

(19) www.bbc.com/japanese/35036373, 2016.5.13

(20) 畠山史郎『もっと知りたいpm2.5の科学』p.155、日刊工業新聞社、2016。

(21) 金堅敏「第5回米中戦略・経済対話を読む」2013年7月、www.fujitsu com

(22) 同上, and :www.o-cdm.net/network『米中の気候変動に関する共同声明』2016.4.9

(23) "US-China Joint Announcement on Climate Change", Beijing, China, 12 november, 2014.

(24) "US-China Joint Announcement on Climate Change" Beijing, China, 12 November, 2014.

(25) 熊本日日新聞、朝刊、2015.12.12（土）

(26) Der Spiegel, 9/2015, p.61.

(27) "US-China Joint Presidential Statement on Climate Change", sep.25, 2015, www.whitehouse.gov/the press-official2015/09/25/china-us-joint-presidential-statement-climate change.

(28) "China and Climate Change," 同上。

(29) Joshua P.Meltzer September 29, 2015, "Us-China Joint Presidential Statement on Climate Change:the road to Paris and beyond. http://www. brookings. edu/blogs/planetpolicy/posts/2015/09/29,us-china-statement-climate-change-meltzer

(30) 朝日新聞、朝刊、2015.12.15（火）

(31) 朝日新聞、同上。

(32) Les Grandes Dossiers de Diplomatie, no. 30, décembre 2015-janvier 2016, p.56.

(33) 同上。

(34) 朝日新聞、朝刊、2015.12.13（日）

(35) 朝日新聞、同上。

(36) Les Grands Dossiers de Diplomatie, no. 30 décembre 2105-janvier 2016, p.57.

(37) 同上。

(38) 中華人民共和国国家発展和改革委員会、2015年6月30日『Enhanced Actions on climate Change』パリ協定のために定めた中国の国内措置

(INDC Intended Nationally Determined Contributions）は、2015年6月30日に国連枠組条約事務局に提出された。

(39) 朝日新聞、朝刊、2015.12.12（土）

(40) 朝日新聞、朝刊、2015.12.15（火）

(41) 朝日新聞、夕刊、2016.4.23（土）

(42) 朝日新聞、朝刊、2016.3.17（木）

(43) 野村総合研究所『2020年の中国』p.78、東洋経済新報社、2016年。

(44) 朝日新聞、朝刊、2015.12.5（土）

(45) 『2020年の中国』、同上、p.171。

(46) 浅岡美恵「世界の温暖化対策は次のステージへ」p.81、『世界』2015年12月号。

(47) "Chinese Climate Policy" www.c2es.org, 2016.4.7

(48) 朝日新聞、朝刊、2015.12.5（土）

(49) "China and Climate Change" www.c2es.org, 2016.4.7

(50) 同上。

(51) 同上。

(52) 同上。

(53) 同上。

(54) https://eneken.ieej.or.jp/data/3287.pdf#search=小泉光市『拡大する中国の石炭輸入』eneken.ieej.or.jp%2Fdata'

(55) "China's Coal Burning in significant decline,figures show" The Gurdian, 19 January, 2016, www.the guardian.com/environment/2016/jan.19

(56) 『2020年の中国』同上。

(57) www.iea.org/policiesandmeasures/energyefficiency/?country=China「自動車対策」

(58) 朝日新聞、朝刊、社説「中国経済計画」、2016.3.6（日）

(59) 朝日新聞、朝刊、2015.12.1（火）（表2「中国の自動車販売台数」参照）

(60) 胡鞍鋼『第13次5ヵ年計画』p.98、日本僑報社、2016年。

(61) Les Grands Dossiers de Diplomatie, No.30 décembre 2105-janvier 2016, p.57.

(62) 朝日新聞、朝刊、2015.12.23（日）

(63) "Xijing Jinping et Barack Obama: toujours audiapason climatique,"

www.euractive.fr/section/climat-environment/news/climat-troisième-accord-americano-chinois/ 2016.5.10

(64) Les Grands Dossiers de Diplomatie, No.30 décembre 2015-janvier 2016, p.56.

(65) Frankfurter Allegemeine Zeitung, 同上。

【参考文献】

1. China's Intended Nationally Determined Contributions, June 30, 2015 Bonn Secretariat（国内的に決定された措置）
2. 高村ゆかり『気候変動性政策の国際的枠組み―パリ協定の合意とパリ後の世界』環境研究2016年、181号

第7章

有毒化学物質の国際的規制

第 7 章　有毒化学物質の国際的規制

はじめに

　化学工業の発展は著しくおびただしい種類と量の人工化学製品を
生産している。化学物質からなる農薬の使用はその一例に過ぎない。
すでに1950年代から農業に農薬の乱用が始まり自然界の異変が報告
され問題化した。1962年、レイチェル・カーソンは、『沈黙の春』
を出版、警告を発した。また、せっけんに替わり合成洗剤が多用さ
れ、それに添加されている蛍光漂白剤（毒性強し）とともに環境を
汚し続けてきた。

　食品添加物にも化学物質が使用されその毒性をもって人体を蝕ん
できた。さらには、ごく微量の化学物質が、動物の内分泌システム
をかく乱し、生殖作用、遺伝子に異常を与えるなどの問題を生んで
いる。いわゆる環境ホルモンの問題である。人間は環境を食料とし
て食べている。環境に排出されたこれら毒性の強い物質を体に取り
込んでいる。

　毒性の強い化学物質を地球的規模で規制する作業が進行してい
る。ILO、EU、アフリカ連合、国連環境計画、OECDなどがその
舞台である。

　海洋に廃棄物を投棄する事を規制するロンドン条約、国境を越え
る有毒ゴミの規制を目指すバーゼル条約、アフリカに有毒ゴミの搬
入を禁止するバマコ条約、農薬の輸出時の規制を目ざすロッテルダ
ム条約、難分解性有機毒性物（Persistant Organic Pollutants, POPs）
の削減を目指すストックホルム条約がある。これら条約は、それぞ
れ締約国会議を通じて具体的な規制措置を決めてきた。2017年 8 月

には、水銀に関する水俣条約が発効した。

プラスチックは環境に捨てられたら長年分解されず、毒性のある物質を出し続ける（プラスチック容器は分解されるのに450年かかる。Der Spiegel.nr.4, 2019）。捨てられたプラスチックは最終的に海に流れ、海の生態系を汚染している。毎年その量は増大し続けている。

1．プラスチックゴミの氾濫

1950年、プラスチックの生産量は世界で170万トンであったがその生産量は2017年に 3 億4,800万トンに達した。[2] 現在 5 兆2,500万トン以上のプラスチックが海中を漂い、[3] 2050年にはプラスチックが魚の量より多くなると予想されている。[4]

2018年 6 月、マレーシア、タイ国境の海岸にクジラが打ち上げられ死んだ。その胃の中には 8 kgのプラスチックがあった。[5] 海鳥の内臓からも多量のプラスチック片が見つかっている。

マイクロプラスチックは諸説あるが、 5 mm以下の粒子を意味する。大きなプラスチック容器等は、海に入ると波や紫外線により小さく砕かれマイクロプラスチックとなる。太平洋では、マイクロプラスチック浮遊量が2030年には現在の 2 倍、2060年には 4 倍となると予想されている。[6]

ポリエステルの衣類を洗濯すると 6 万個のマイクロプラスチックが出る。[7] マイクロプラスチックは化粧品にも含まれ、排水に混じって海に到達する。プランクトンがこれらを餌として取り込み、魚がこのプランクトンを食べ、人間が魚に含まれるマイクロプラスチックを食べている。テームズ川（ロンドン）の75％のカレイの腸と胃

からマイクロプラスチックが見つかっている。[8]

　パリの大気中には、200個／1立方メートルの割合で、マイクロプラスチックが入っている。人間は呼吸を通じてこれらを取り込む。食塩、砂糖、はちみつ、水道水、ミネラル水にもマイクロプラスチックが入っている。口からも取り込むことになる。[9]

　G7（主要7ヵ国会議）は、2015年、ドイツのエルマウで開催されたが、それ以降、毎回海洋プラスチック問題に対応するための行動計画を論じてきた。2018年、G7がカナダのシャルルブワで開かれた際、「海洋プラスチック憲章」を作成したが日本の安倍首相、米国のトランプ大統領は署名を拒否した。[10]

　2019年6月に大阪で開かれるG20の開催国の日本は「プラスチック資源循環戦略」を完成させ、安倍首相が対策を訴えるという。[11]また2019年4月末から開催されるバーゼル条約締約国会議で、日本とノルウェーは汚れた廃プラスチックを規制対象とするよう共同で提案をする。[12]汚れた廃棄物の混じるリサイクルに適さない廃プラスチックが途上国に輸出され環境汚染を広げている問題が背景にある。リサイクルに適さない廃プラスチックをバーゼル条約の規制対象とする提案である。

　国連はSDGs（持続可能な開発目標）の中で海を守ると規定し、海洋プラスチックゴミへの対応を促している。国連海の日の2018年6月8日に国連事務総長が「海ゴミ声明」を出した。2016年に出されたUNEP（国連環境計画）の報告書「海洋プラスチック廃棄物の脅威に関する報告書「Marine plastic debris and microplastics」がある。[13]

２．バーゼル条約

　西アフリカのコートジボワールで2006年、欧州から持ち込まれた
有毒産業廃棄物が経済の中心都市アビジャンのあちこちに捨てられ、
15人が死亡、10万人が吐き気や頭痛を訴えて病院に駆け込む事件が
起きた。コートジボワール当局の調べでは、液体から出るガスには
硫化水素やメルカプタンの悪臭物質、毒性の高い有機塩素が含まれ
ていた。石油系廃液とみられ、８月半ばにアビジャン港に入ったオ
ランダの石油・金属商社トラフィギュラがチャーターしたパナマ船
籍のプロボコアラ号から、地元の廃棄物処理会社が用意した複数の
タンク車に移し替えて捨てられた。⁽¹⁴⁾

　この事件のように途上国へ有毒ゴミが輸出され問題を引き起こす
ことが多い。そこで輸出に規制を加えて対処しようとすることが考
えられた。

　有害廃棄物が国境を越え移動するようになると、受け入れ国に環
境汚染が起こる。1980年代半ばに先進国から途上国へ有害廃棄物が
輸出され、環境問題を引き起こした。国連環境計画（UNEP）の呼び
かけで、1987年から有害廃棄物の越境移動を規制する国際環境条約
をつくるための準備会合が開催され、1989年３月に交渉がまとまり、
「有害廃棄物の国境を超える移動およびその処分の規制に関するバ
ーゼル条約」（Basel Convention on the Control of Transboundary
Movements of Hazardous Wastes and their Disposal）が締結され
た。1992年５月５日に発効した。事務局はジュネーブのUNEPに
置かれている。2019年４月現在、アメリカを除く187ヵ国が加入し

第7章　有毒化学物質の国際的規制

ている。この条約に特定する有害廃棄物およびその他の廃棄物の輸⁽¹⁵⁾

出には、輸入国の書面による同意を要する（第6条1〜3）締約国

は、廃棄物を最小にすること、適正な処理を義務づけられている。

　バーゼル条約の禁止修正条約（BASSEL BAN AMENDEMENT）

はいまだ発効していない。この修正条約は、OECD加盟国から非

OECD加盟国へ、有毒物質を輸出してはならないと規定する。ま

たバーゼル責任、補償議定書（Basel Protocol on Liability and

Compensation for Damage Resulting from Transboundary Movements

of Hazardous Wastes and their Disposal）は1999年採択されたが13

ヵ国が署名したに過ぎない。

（http://www.basel.int/Countries/StatusofRatifications/TheProtocol/tabid/

1345/Default.aspx, 2019.2.28）

3．バマコ条約

　発展途上国のなかには、バーゼル条約の規制が緩いとして、有害

廃棄物の越境移動をより厳しく規制する条約の締結を求める国々が

あった。アフリカ諸国は、アフリカ統一機構の閣僚理事会合はバマ

コ条約という地域条約を1991年に採択した。有害廃棄物のアフリカ

への輸出の禁止、アフリカ内での国境を越える移動、規制に関する

条約である。モロッコと南アフリカが加入していない。放射性廃棄

物も規制対象にしている。⁽¹⁵⁾

113

4. ロッテルダム条約

開発途上国においては、有害な化学物質や駆除剤の製造・使用・輸入等の規制措置が整備されていないことが多く、先進国では廃絶された物質が広範に使用され、環境汚染、健康被害を引き起こしている。そこで、有害な化学物質や駆除剤に関する各国間の情報交換の制度化が進められてきた。

1998年9月、オランダのロッテルダムで「国際貿易の対象となる特定の有毒な化学物質および駆除剤につての事前のかつ情報に基づく同意の手続に関するロッテルダム条約」（Rotterdam Convention on the Prior Informed Consent Procedure for Certain Hazardous Chemicals and Pesticides in International Trade）が結ばれ、2004年2月に発効した。2019年2月27日現在161ヵ国が加入している。アメリカは加入していない。

先進国で使用が禁止または厳しく制限されている有害な化学物質や駆除剤が、開発途上国にむやみに輸出されることを防ぐために、締約国間の輸出に当たっての事前通報・同意手続（Prior Informed Consent、通称PIC）を設けたのである。リストにあげられた化学物質の輸出は輸入国の同意のみにより可能となる。条約発効後、50物質がリスト（付属書3）にあげられている。

本条約は情報交換を柱とする。加盟国は、条約事務局に国内で禁止、または厳しく規制している有毒化学物質の規制措置を条約事務局に通告する。このような通告により、本条約のリストに学物質を含めるかどうかを決定する。輸入国は、これらの物質の輸入を許可

第 7 章　有毒化学物質の国際的規制

する、許可しないか、ある条件のもとで許可するのかを宣言するというものである。輸入国と輸出国の共同責任制度である。化学物質判定委員会が、各国の規制措置の報告を受理、対象物質のリストに載せるべき物質の提案を受ける。判定基準は、条約の付属書 2 にあげられている。

5 ．ストックホルム条約（残留性有機汚染物質に関する ストックホルム条約）

1997年 2 月に開かれた第19回UNEP管理理事会において、POPs（難分解性で毒性の強い化学物質）の規制について1998年から法制化に向けた国際交渉を開始し2000年末までに結論を出すことが決定された。1998年 6 月から 5 回にわたってPOPsの規制に関する政府間交渉会議が開催され、2001年 5 月、ストックホルムで行われた外交会議において、「残留性有機汚染物質に関するストックホルム条約」が採択され、2004年 5 月に発効した。[19]　条約事務局はジュネーブのUNEP内に設置されている。2019年 2 月27日現在182ヵ国が加入しているがアメリカは加入していない。[20]

残留性有機汚染物質（persistent organic pollutants）として12種類のものがまずリストにあがった。アルドリンなどの農薬、PCB、ダイオキシン類が含まれる。DDTは制限物質に指定された。締約国会議で禁止物質を決める。製造、使用、輸出入が禁止される。2009年の締約国会議で、新たに 9 物質をPOPsとして禁止リストに加え、2019年 2 月現在、32物質に及ぶ。[21]

POPsを規制する必要性に合意したものの、多くの参加国は、POPsの使用を限定された期間使い続けることを容認するよう主張

した。DDTについての限定的使用を認める件や、PCBを含む既存
の器具の利用を2025年まで認めた。また締約国会議で認められれば、
特定の国がPOPsを5年間限定された利用法で使い続けることが許
される。

　専門家より構成されるPOPs委員会が設置された。委員会は定期
的に会合し、危険物質を調査し、禁止リストに載せるかどうかの提
案を締約国会議に行う。EU委員会、EU加盟国は、予防原則に基
づき早い目の規制を主張するが、アメリカ、オーストラリアは、も
っとはっきりとした調査により毒性の証明があるまでは禁止リスト
に載せる事を認めない。この2つの立場の妥協で規制が進められ
る。[22]

　本条約は、途上国、経済体制移行国への財政的援助に関する規定
がある。先進国が資金面と技術面で援助しなければならない。地球
環境基金（GEF）が暫定的に主要な援助機関とされている。[23]

6．水銀に関する水俣条約

　熊本県水俣八代海沿岸地域や新潟県阿賀野川下流域では、水俣病
に侵され多くの人々が苦しんできた。チッソ株式会社や昭和電工が
メチル水銀を川や海に流し、魚等を水銀で汚染したためである。水
銀はまた大気に乗り地球をめぐる。人の活動による大気への水銀の
排出は年2,000トンと国連環境計画（UNEP）は推計している。水銀
は人体に入れば中枢神経を犯す毒物である。

　2010年のUNEPの管理理事会の決定で政府間の交渉が始まった。
2013年1月に、140ヵ国が参加した政府間条約交渉委員会は、「水銀

第7章　有毒化学物質の国際的規制

に関する水俣条約」を2013年10月に熊本県で開かれる外交会議で採
択することを決めた。日本の水俣病の教訓を前文にいれ、今後、新
規の水銀鉱山の開発禁止、既存の鉱山を15年以内に閉鎖すること、
水銀を使った16品目の製造禁止、水銀の貿易の規制などの内容を含
む。本条約は2017年8月16日に発効した。[(24)]

おわりに

　有害化学物質に対する国際的規制は諸条約、諸国際機構、地域的
条約、地域機関によりバラバラな状態で行われている。バーゼル条
約、ロッテルダム条約、ストックホルム条約は中心的枠組みを形成
している。それぞれに、異なった物質、その物質の特定の段階（生
産、使用、貿易、処理など）でこれら3つの条約が行っている。[(25)]

　2013年4月末から第11回バーゼル条約締約国会議がジュネーブに
て開催されたおり、同時にロッテルダム条約締約国会議（COP 6）と
ストックホルム条約締約国会議（COP 6）も開かれ、かつ3条約合
同締約国会議が開催された。[(26)] 各条約の執行をより効果的にするため
である。以後3条約の合同締約国会議は2年ごとに開催され、2019
年4月29日〜5月10日にジュネーブでの開催は第4回目を迎える。[(27)]

　化学物質の規制を調整、調和するための努力は、UNEPの指導の
もとで進められてきた。2001年、UNEPの理事会は、化学物質に関
する条約による措置を総合化するための議論を行った。2001年9月、
国際環境規制に関する環境閣僚会議で、化学物質を取りあげること
とした。その報告書が2002年、環境閣僚フォーラムに提出された戦略
的化学物質管理法（STARATEGIC APPROCH TO INTERNATIONAL

117

CHEMICALS MANAGEMENT, SAICAM）である。2003年のUNEP
理事会はこれを取り上げ、案をつくることを決めた。2006年、採択
のための国際会議を開いた。こうしてSAICMは、化学物質の表示、
分類、標準化を形成するものであり規制を行うための第一歩となっ
た。

　中心的条約による対策づくりから、条約の積極的適用を行う段階
に入った。化学物質を規制する諸条約を調整、調和し行動をとるこ
とが必要である。もっと条約に参加する国を増やし、途上国に財政
的援助を行うことが急務である。有毒化学物質の生産を減らし、化
学物質のライフサイクルを通じた管理体制をつくらねばならない。[(29)]

　海洋におけるプラクチックゴミ、マイクロプラスチックは新たな
問題を提起している。

　国連環境計画を中心とした国際的対応が始まっているが事態は加
速度的に悪くなっている。

【注】

（1）www.iph.pref.osaka.jp「HBCDによる環境汚染」2013.3.28より。
　　　『不燃材料として使用されているHBCDは化審法（化学物質の審査及
　　　び製造等の規制に関する法律）による監視化学物質（難分解性を有し
　　　かつ高濃縮性があると判明し、人又は高次捕食動物への長期毒性の有
　　　無が不明である化学物質）に指定され、国が製造・輸入数量の実績等
　　　を把握し、合計数量を公表することになっている。それまでは、PBDE
　　　が難燃剤として使用しされてきたが、2009年、内分泌撹乱作用がある
　　　とされ、ストックホルム条約で禁止された。2010年度におけるHBCD
　　　製造・輸入数量の実績は3,019tで、2004年以降3,000t前後で推移してい
　　　る。それまで臭素系難燃剤と言えば、ポリ臭素化ジフェニルエーテル
　　　（PBDE）が主に使用されていた。しかしながら、PBDEは環境中で分
　　　解されにくく（難分解性）生物に蓄積すること（高濃縮性）、また甲状

第 7 章　有毒化学物質の国際的規制

腺ホルモンとの化学構造の類似性から、甲状腺ホルモンに由来する生体内反応を阻害すること（内分泌かく乱作用）が判明し、2009年に「ストックホルム条約における新規残留性有機汚染物質（POPs）」に指定された。HBCDは2011年の「ストックホルム条約検討委員会」において条約の規制対象物質とする提案がなされるなど、その環境汚染の影響が国際的に審議されているものの、現在も主要難燃剤として使用されている。環境省が行ったHBCDの 6 週間投与による鳥類繁殖毒性試験報告（2010）では、第一種特定化学物質相当と疑うに足りると公表されている。』

（ 2 ）Der Spiegel no.4.2019, "Der Dreckige Rest", p.11.

（ 3 ）ibid.

（ 4 ）https://ideasforgood.jp/2018/06/19/lush-ocean-plastic-event/、2019.2.28

（ 5 ）Der Spiegel, ibid., p.11.

（ 6 ）朝日新聞朝刊、2019.1.25（金）

（ 7 ）Der Spiegel, ibid., p.20.

（ 8 ）ibid.

（ 9 ）ibid.

（10）www.sustainablejapan.jp「G 7 シャルルブワーサミットと海洋プラスチック憲章発表、日本と米国署名せず」2018.06.11

（11）朝日新聞朝刊、2019.2.27（水）

（12）www.headlines.yahoo.co.jp「汚れた廃プラ、輸出入禁止に＝バーゼル条約で提案―環境省」2019.2.27

（13）ibid.「海洋プラスチック廃棄物が生態系と人類に深刻な被害」2016.6.7

（14）http://www.ne.jp/asahi/kagaku/pico/basel/BAN/06_10_17_Ivory_tragedy.html、BAN有害廃棄物ニュース2006年10月17日コートジボワールの悲劇は有害廃棄物取引の増大に光を当てる（事件の経緯と背景の要約）2013.4.22

（15）www.basel.int, "Parties to the Basel Convention on the Control of Transboundary Movements of Hazardous Wastes and their Disposal", 2019.2.28.

（16）www.d-arch.ide.go.jo. 井上秀典「有毒廃棄物の国境を超える移動を巡る国際法」2013.3.30

（17）www.pic.int. "Rotterdam Convention", 2019.2.27.

119

（18）ibid.

（19）www.pops.int, "History of the negotiations of the Stockholm Convention The Stockholm Convention on Persistent Organic Pollutants was adopted on 22 May 2001 and entered into force on 17 May 2004." 2019.02.28.

（20）ibid.

（21）ibid.

（22）David Downie, Jonathan Kruger and Henrik Selin, p.135, "The Global Environment", CQ Press, 2005.

（23）ibid., p.136.

（24）www.env.go.jp「水銀に関する水俣条約の発行について」環境大臣談話 2019.2.27

（25）David Downie, Jonathan Kruger and Henrik Selin, ibid., p.141.

（26）www.pops.int, homepage, 2017.2.28.

（27）www.pic.int, "Basel Convention Homepage", 2019.2.27.

（28）www.saicm.org, "Homepage," 2019.2.28.

（29）David Downie, Johnathan Kruger and Henrik Selin, ibid., p.141.

第8章

予防原則の発展について

第 8 章　予防原則の発展について

はじめに

「地球に人は住まう」のであるが、その地球がますます生物にと
って住みづらくなっている。人間の環境への過剰な介入がその原因
である。健康で安全な生活を維持するために新しい発想が環境法に
求められている。

予防原則は、生態学的危機に対応するために考えられた法律的概
念である。予防原則は２つの方向で発展しつつある。第一の方向は、
国際環境法のなかでの発展である。第二は、ヨーロッパ連合法、国
内法のなかでの発展である。1992年、リオで開催された国連の環境
と開発に関する会議（地球サミット）で採択されたリオ宣言のなか
でいわゆる予防原則が謳われた。

「リオ宣言原則15（予防的措置）」

環境を保護するため、国家により、予防的措置がその能力に応じ
て広く適用されなければならない。深刻なまたは回復不能な損害が
存在する場合には、完全な科学的確実性の欠如が、環境悪化を防止
するため効果的な措置を延期する理由として使用されてはならない。

Pour protéger l'environnement, des measures de précaution
doivent être largement appliqué par les Etas selon leurs ca-
pacities. En cas de dommages graves ou irréversibles, l'absence
de certitude scientifque absolu ne doit pas server de prétexts
pour remettre a plus tard l'adoption de measures effectives
visant a prévenir la dégradation de l'environnement.

123

本稿では、この予防的措置（予防原則）が国際法のなかでいかなる意味をもつのかを原則の発展過程を追いながら考察したい。また、国際法の示唆によりこの予防的措置がフランスの国内法のなかで発展する過程を追いたい。特にヨーロッパ共同体（EC、後のヨーロッパ連合：EU）がマーストリヒト条約に、「予防原則」の採用を明記し、その後フランスが国内法により、予防原則を受容していく経過を追いたい。

　リオ宣言では、予防原則の文言は使用されなかったが、同時にリオ署名会議で署名された。気候変動枠組み条約、生物多様性条約では、リオ宣言と同じ言い回しがなされている。私は、その発想の同一性の特徴からこれらを一轄して「予防原則」と呼ぶ。

　まずは、国際的側面で予防原則が登場して環境条約に取り入れられるようになってきたが、いまだ明確性の面で不確実な法的概念の状態にある。これに対して、マーストリヒトで1992年に改正されたローマ条約（欧州共同体を設立する条約）が予防原則を明記してから、予防原則はヨーロッパ環境法に定着したかに見える。さらにフランス法においては、予防原則の受容と適用が進み、法規範として発展している。

　環境法は環境を守るために形成されてきた。予防原則はこの環境法のなかで、比較的に新しい発想であり、新たな環境汚染の問題にたいして、効果的な対応を可能としてくれるのかどうか。

第8章　予防原則の発展について

1．国際法における予防原則

　国際的な文書として、予防原則の文言が初めて使用されたのは、1990年の国連欧州経済委員会（ECE）ベルゲン宣言であるとの指摘もあるが、それ以前にも、モントリオール議定書、1987年11月に北海に関する国際会議で採択された宣言、ブルントランド世界委員会報告「我ら共通の未来」（Our Common Future）の予防原則の文言が見られる。1980年代の終わりから、国際環境条約のなかに予防原則の文言が入るようになった。

　ベルゲン宣言はEC加盟34ヵ国とヨーロッパ共同体環境委員長がノルウェーに集まり、1992年に開催の地球サミットに対応すべく開いた地域会議により採択されたものであった。

　「持続可能な発展を達成するためには、予防原則に基づくものでなければならない。……重大なまたは回復不能な損害の脅威がある場合には、完全な科学的知識の完全の欠如が、環境悪化のの防止措置を遅らせる理由とされてはならない」

　リオ宣言原則15の規定では環境政策において科学的不確定性があっても、重大な損害のリスクが予測さる場合は、効果的な予防的措置をとるのを遅らすことになってはいけないと規定された。予防原則はたとえば下記の条約に明記されている。

　バマコ条約第4条3項（f）、気候変動条約第3条3項、国際水域に関するヘルシンキ条約第2条5項、ロンドン海洋投棄条約議定書第3条1項、生物多様性条約カルタヘナ議定書第10条6項および第11条8項、残留性有機汚染物質に関するストックホルム条約第1条

など。

　国際会議での宣言、決議、環境条約に予防原則の記載がめだつようになってきた。2000年1月採択の生物多様性条約カルタヘナ議定書の前文には「リオ宣言の原則15に規定する予防的な取り組み方法を再確認し」の文言がある。

　国際法に登場した予防原則とは、環境上、重大な、または取り返しのつかないような損害のリスクが予想され、それが科学的に不確定であっても効果的な措置がとられるべきであるとする概念をさす。ルチーニは、国際法の予防原則を下記のように3つの要素に分けて説明している。[8] これは、ヨーロッパ環境法、フランスの予防原則にも当てはまると考える。

　・完全な科学的確実性の欠如

　・重大なまたは不可逆的な損害の恐れ

　・予防措置の費用対効果の関係への配慮

（1）裁判規範としての予防原則の主張

　国際裁判において予防原則の適用を求める主張が見られる。国際司法裁判所（ICJ）が扱ったガブチコバ・ナジマロス事件で、判決は持続可能な発展の原則に言及したものの、ハンガリーの主張した予防原則には沈黙を通した。1998年のアルゼンチン・パラグアイの紙パルプ工場事件でも、ICJは同様の対応をした。[9]

　ヨーロッパ人権裁判所も、長い間予防原則を否定的に解してきたが、2009年1月27日のタタール vs. ルーマニア事件では、予防原則の適用に前向きな判決を下した。[10]

　海洋法裁判所の複数の裁判での原告側は、予防原則の適用を主張

している。クロマグロ事件（1999、New Zealand vs. Nihon, Australia vs. Nippon）、プルトニウム混合燃料事件（2001, Ireland vs. United Kingdom）では、国際海洋法裁判所は、裁判の当事者が「Prudence と Precaution」の考えをもって行動しなければならないと言明した。裁判所による「Prudence と Precaution」という表現は、予防原則の概念とは違うようである。海洋法裁判所は予防原則の採用をためらっているようである。[11]

米国では、人工的に合成された牛成長ホルモンを牛に注射することを認めている。その成長ホルモンが米国産牛肉にも残留している。人工的に合成されたホルモン剤は、健康を脅かすものとして、EU では禁止されてきた。この EU の食料安全基準が米国の牛肉輸出を妨げているとして、米国は EU を WTO に提訴した。

1998年、WTO の上級裁定委員会は、EU の措置を、厳しすぎる安全基準を設けて、国際貿易を否定していると断じた。予防原則は特定の仮説による自然保護をはかるためのもので、国家の条約上の義務を否定しているとした。[12]次に米国産、カナダ産の GMO（遺伝子組み換え）製品輸入禁止事件（米国 vs. EU、2006年、CANADA vs. EU）がある。WTO の特別委員会は、EU による米国製、カナダ製の GMO 製品27品目の流通禁止措置を非合法と判断した。WTO の SPS 規定（衛生植物検疫措置の適用に関する協定）のリスク評価の規定に反するとしたのである。WTO は、疑わしいリスクの可能性の証明に対して、冷淡な態度を示した。つまるところ複雑性と科学的不確定性は市場に製品を流通させるのを遅らすのを正当化しないと断じた。[13]

（2）予防原則は慣習法か

　予防原則が慣習法になったかの議論はすでに出尽くしている、肯定説が有力化しつつあると松井芳郎は指摘する。杉原高嶺は、学説判例は慎重論が有力であると指摘される。ロラン・ルチーニは、予防原則は国際慣習法ではないと主張する。この原則は、いくつかの国際条約により取り入れられているに過ぎない。予防原則は自然環境、天然資源、公衆衛生の場で有用な概念として存在する。

　ニコラ・ドサデレも国際裁判所とヨーロッパ司法裁判所の明確な違いに注目し、国際環境法における予防原則の未発達を認める。

　エクス・マルセイユ大学のサンドリン・ドブア教授は、全体として、ICJ、WTO、国際海洋法裁判所、仲裁裁判所の判事が法の一般原則としての予防原則の適用に慎重な態度をしてきたと指摘している。さらに米国が法の一般原則としての予防原則を国際交渉の場で、一貫として否定しているとのドブア教授の指摘に注視したい。遺伝子組み換えトウモロコシの輸出に重大な利益を有する米国の場合、WTOのドーハラウンドの閣僚会議にあたって、米国代表団が、予防原則の採択に反対するよう、強い圧力を受けていたことが思い出される。多数国間環境条約に予防原則が明記されることはすなわち、慣習法でないのでわざわざ明記すると解釈することも可能である。ドブア教授は予防原則が慣習法への成熟過程にあると説明している。

　米国は気候変動枠組条約に加入し、またリオ宣言、アジェンダ21に賛成した。気候変動条約は予防原則を謳い、アジェンダ21とリオ宣言は予防原則を導入している。このことは予防原則を繰り返し容認していることを示す。リオの地球サミットでは気候変動条約は

161ヵ国が署名、生物多様性条約は170ヵ国が署名した。リオ宣言、アジェンダ21はコンセンサス方式で採択された。リオの地球サミットで予防原則が普遍的に認められたと解することができるのではないか。慣習法として予防原則が認められるとの主張に対して、国家慣行に照らして直ちに肯定することができないと思う。[22]

2．ヨーロッパ連合法における予防原則

　1992年12月にマーストリヒトで合意されたヨーロッパ共同体を設立する条約の第174条第2項は「共同体の環境政策は予防原則に基づく」と規定した（2007年、リスボン会議で改正され、ヨーロッパ連合運営条約第191条2項となる）。ヨーロッパ連合法において予防原則は確固たる地位を得たのである。[23]

　EU委員会は、2000年2月2日、解説書（Communication）を発表、これを受けて、理事会は予防原則に関する決議を行う。この決議は、2000年12月7〜9日にニースで開かれたヨーロッパ理事会の合意書の付属文書として入れられた。

　この決議は、予防原則がEUの機関および加盟国の行動に適用されるとした。加盟国の国内法に予防原則を入れることを要求する内容である。さらに、条約の規定する「環境」のみならず「動物」「公衆衛生」の分野にも予防原則を適用するとした。公衆衛生の分野では、予防原則はより強力に適用されている。[24]2008年9月、ヨーロッパ議会は「ヨーロッパ環境衛生行動計画2004年〜2011年中間評価に関する決議」を採択した。携帯電話電磁波の曝露基準値を厳しく設定するようヨーロッパ連合加盟国に求める内容を含んでいる。[25]

2009年4月、さらに、「電磁波による健康影響の懸念」を採択した。携帯電話基地局は、学校、託児所、病院から距離をおくこと、健康リスクの認識を高める具体的方法を示した。[26] これらの議会の決議は加盟国政府に規制を求めるものである。

EUの裁判所は、環境の分野よりも健康の分野でまず予防原則を適用した。[27]

EU司法裁判所は下記の定義を下した。[28]

Lorsque des incertitudes subsistent quand à l'existence ou à la portée de risques pour la santé des personnes, des measures de protection peuvent être prises sans avoir à attendre que la réalité et la gravité de ces risques soient pleinement démontrees.

（訳）人の健康に関するリスクの存在または根幹に関して、明白性がなくとも保護措置をとることができる。そのリスクの現実性と深刻性が全面的に証明されなくても保護措置をとることができる。

EUの裁判所は、商品の自由流通、商工業の自由に優先して予防原則を直接適用した。裁判所は、予防原則を独立した原則と解釈し、共同体法の一般原則として、健康と環境に対する潜在的危険を防ぐべき適切な措置をとることを、経済的利益の保護に関する要請に優先してEUの諸機関に要請していると判示した（専門裁判所判決、Solvay vs. 理事会　2003年10月21日）。[29]

ヨーロッパ連合法では、予防原則が食品安全性の分野でも適用されている。これは、国際法のいう予防原則が環境の分野に限定されているのと対照的である。ヨーロッパ連合法に置ける予防原則はマ

ーストリヒト条約において明文で記入された指導原則であり、他の
ヨーロッパ連合の政策にも取り入れられた。食品の安全性に関する
立法政策に合法性を与える手段として機能しているし、環境法の解
釈の規範となっている。[30]

3．フランス国内法における予防原則

フランスは、1995年、バルニエ法により、予防原則を明記した
（Barnier法）。科学的確定性がない場合でも、重大かつ不可逆性の
損害が生ずるリスクを防止するため、効果的かつ均整のとれた措置
をとるべきと規定した。

Le principe de précaution, selon l'absence de certitudes,
tenu des connaisances scientifiques et techniques du moment,
ne doit pas retarder l'adoption de measures effectives et
propotionées visant à prévenir un risque de dommages graves
et irréversibles à l'environnement à un coût économiquement
acceptable.（Code env. art.L-110-1）

（訳）予防原則は、科学的技術的に不確定な状況においても効果的
かつ比例原則にのっとった措置の採用を遅らせてはならない。経済
的に受け入れられない費用がかかるような環境に重大なかつ取り返
しのつかない損害を防止するために措置がとられなければならない。

バルニエ法から10年後、予防原則は憲法の条項として規定された。
すなわち憲法の環境憲章第5条は、損害が重大かつ不可逆的な影響
を及ぼす場合は、政府機関は予防原則を適用すべしと。環境憲章に

予防原則を書き込むことについて論争があったが、当時のシラク大統領が介入して、予防原則を取り入れたのである。[31]フランスの環境憲章第5条の「重大かつ不可逆的損害」(des dommages graves et irréversibles)という言い回しは、リオ宣言、気候変動枠組み条約などの国際法、ヨーロッパ連合法の規定より、後退した言い回しになっているとの指摘がある。[32]リオ宣言第15章、気候変動枠組み条約第3条第3項の「重大または、不可逆的損害」(des dommages graves ou irréversibles)の規定と対象される。さらに国際法の「効果的な措置」(measures effectives)に対して、フランス憲章は、「暫定的かつ比例的な処置(measures provisoires et proportionées)と規定している。バルニエ法では、経済的な費用(coût économiquement acceptable)と規定されていたのが、「暫定的かつ比例的な処置」に書き換えられたのである。

　ヨーロッパ理事会や、司法裁判所は、「重大かつ不可逆的損害」を要求してはいない。[33]「健康と環境に対する有害な効果が認知されたら、予防原則を適用するとしている。「最新の科学的評価がリスクについて不確定の状況において」予防原則を適用するとしている。

　予防原則は一般原則として直接的に適用される。立法を待つものではなく、法律や規則で予防原則が明記されているわけではない。むしろ、国際法や、ヨーロッパ連合法のなかに、予防原則の記述がより多くみられる。生物多様性条約カルタヘナ議定書では、予防原則により、遺伝子組み換え農産物の輸入を拒否できるとの規定がある。

　予防原則は、行政政策の再形成により貢献している。[34]

第 8 章　予防原則の発展について

　また、裁判所判事は予防原則を適用して、科学的技術的に難しい
事件を裁いている。判例が積みかさなってきた。

　行政裁判所は、農薬（Gaucho）事件では、農業省の2004年 7 月12
日の農薬Gauchoの登録取り消しを、予防原則を適用して有効と認
定した。他の案件では、行政裁判所は反対の判断をしている。BSE
(35)
（牛海綿状脳症）事件では公衆衛生上のリスクがないとして、牛肉の
流通禁止を無効とした（Nante控訴行政裁判所、2006年12月29日判決）。
(36)

　オルレアンの地方裁判所は、遺伝子組み換え植物を引き抜いた活
動家を無罪とした。憲法に規定された予防原則により。行動が正当
化されると判断した（2005年12月 9 日）。
(37)

　しかし、破棄院（上級裁判所）はこの判決を破毀した。民事事件
(38)
においても、予防原則の適用により企業の責任を重くする方向に機
能している。企業は危険防止とリスクの管理を求められ、より重い
責任を負う方向にある。
(39)

　2008年 8 月26日、ナンテール地方裁判所は、携帯電話中継基地ア
ンテナの建設、設置差し止めを求めた 3 人（ 3 世帯）の請求を認め、
各世帯おのおのに3,000ユーロの損害賠償金を支払うべきことと、
中継アンテナの取り外しを命じた。原告の弁護士リシャー・フォル
の主張した予防原則を適用し、携帯中継基地の差し止めを認めた判
決である。フランスでの最初の判例である。被告ブイゲ・テレコム
社は、ベルサイユ高等裁判所に控訴、2009年 2 月、棄却判決が下だ
された。
(40)

　2009年 8 月26日、クレイの裁判所は、オランジュ社のパリ13区で
の中継アンテナの撤去を命ずる判決を下した。予防原則が適用され
(41)
た。オランジュ社は控訴して争っている。フランスでは憲法に予防

原則を書き加え、それが裁判規範として機能しはじめた。

おわりに

　国際法、ヨーロッパ連合法、国内法のなかで、予防原則が取り入れられ、それぞれの領域で発展している。国際法においては、国際会議の宣言文、環境条約のなかに予防原則の文言を入れることが普通に見られる。しかし、ICJや国際海洋法裁判所は原告の予防原則の主張に対してその適用に消極的である。直接に予防原則に言及した判決はない。

　ヨーロッパ連合法では、1992年、マーストリヒト条約の文言のなかに、予防原則を書き込んだ。UEの機関、加盟国に対して予防原則の適用を促すことになった。UE法が加盟国の国内法に及ぼす影響もフランスの事例に見るとおり強いものがある。

　フランスは、1995年のバルニェ法により、予防原則を環境法の原則とすると規定した。さらに2005年、憲法改正により、環境憲章のなかに予防原則を明記した。フランスでは、裁判規範として予防原則が主張されるようになった。安全性に関して科学論争が続く携帯電話電磁波、遺伝子組み換え植物の栽培に関する裁判において、予防原則が原告により主張され、裁判所がこれを是認する判決が下級審のレベルで見られる。

　このように予防原則は、それぞれの法秩序のなかで適用の主張があるが、発展段階の違いから適用範囲、内容に差異が生じている。

　日本では環境保全や健康な生活を営む権利を主張する裁判において、フランスのように予防原則を根拠とする訴訟は、実定法上難し

いのではないか。予防原則が実定法上、いかなる状況にあるのかについてさらなる研究に委ねたい。[42]

　科学技術の応用により、生活が豊かに便利にはなった。しかし、人間は動物であって新しい科学技術がつくり出す商品、サービスが生物に対して毒性を有することに無関心ではいられない。

　ガン患者、ガン死亡の増加、アレルギーの患者の増加は、環境的要因でしか説明できないと指摘されている。[43] 科学技術のすばらしい側面のみに気をとられがちであるが、人体への影響に十分な配慮を求めることが忘れられてはならない。予防原則は人間の科学技術過信に対して、環境法を通じて政府、企業に慎重な対応を求めるものであり、環境法の重要な柱として、確立されなければならない。

　予防原則は環境法の新たな原則である。それは環境法の発展を示唆する。

【注】

（1）ハンスペーター・ペルドット「ハイデガーとエコロギー」ラッデル・マクポーター編『ハイデガーと地球』p.28、東信堂、2010年。

（2）松井芳郎『国際環境法の基本原則』p.104、東信堂、2010年。

（3）Nicolas de Sadeleer, "Le Role Ambivalent des Principes dans la formation du Droit de l'Environnement: l'Example du Principe du Précaution", p.72, Colloque d'Aix-en-Provence, Le Droit International face aux Enjeux Environnementaux, A. Padone, 2010.

（4）Sandrine Maljean-Dubois, "Quel Droit Pour l'Environnement ?" p. 79, Hachette 2008.

（5）松井芳郎『国際環境法の基本原則』p.103、東信堂、2010年。

（6）Laurent Lucchini, "Le Principe de Précautution en Droit International de l'Environnement; Ombre plus que Lumières," p.712, Annuaires Français de Droit International xlv, 1999.

（ 7 ）磯崎博司「国際法における予防原則」p.62、『環境法研究』第30号、2005年、有斐閣。

（ 8 ）Laurent Lucchini, supra note 6, p.721..

（ 9 ）Nicolas de Sadeleer, supra note 3, p.64.

（10）ibid., p.65.

（11）ibid., p.66.

（12）Laurent Lucchini, supra note 6, p.727.

（13）Nicolas de Sadeleer, supra note 3, p.71.

（14）松井芳郎、p.135、前掲書（注 2 ）

（15）杉原高嶺「国際法学講義」p.371、有斐閣、2008年。

（16）Laurent Lucchini, supra note 6, p.730.

（17）ibid.

（18）Nicolas de Sadeleer, supra note 3, p.75.

（19）Sandrine Maljean-Dubois, "Quel Droit Pour l'Environnement?" p. 76, Hachette 2008.

（20）ibid.

（21）長谷敏夫「国際問題としての遺伝子組み換え食品」『東京国際大学論叢 国際関係学部編』p.42、第 8 号、2002年。

（22）Cameron, Abouchar, "The Status of the Precautinary Principle in International Law," p.37, D.Freestone and E.Hey（eds.）"The Precautinary Principle and International Law," 29-52, Kluwer Law International, 1995.

（23）Sandrine Maljean-Debois, ibid., p.77.

（24）Nicolas de Sadeleer, supra note 3, p.71.

（25）矢部武『携帯電磁波の人体影響』p.158、集英社新書、2010年。

（26）ibid., p.159.

（27）Sandrine Maljean-Dubois, supra note 19, p.77.

（28）Nicolas de Sadeleer, supra note 3, p.72.

（29）Sandrine Maljean-Dubois, supra note 19, p.77.

（30）Nicolas de Sadeleer, supra note 3, p.75.

（31）ibid., p.79.

（32）ibid., p.78.

（33）ibid., p.79.

第8章　予防原則の発展について

(34)　ibid., p.89.

(35)　ibid., p.80.

(36)　ibid., p.81.

(37)　ibid.

(38)　ibid., p.82.

(39)　ibid.

(40)　At http://www.robindestoits.org/4-la-Justice-r3.htm/2011.1.14

(41)　矢部武、前掲書、p.161。

(42)　大塚直『環境法』p.56、有斐閣、2010年。

(43)　Dominique Belpomme, "Ces Maladies Crées par l'Homme," Albin Michel, p.30, 2004.

第9章

国際環境法の発展

第9章　国際環境法の発展

はじめに

　国際環境法の誕生とその内容を紹介するのが本稿の目的である。地球的規模の環境問題を10項目に整理すると、次のようになる。①海洋汚染、②酸性雨、③オゾン層の穴、④気候変動、⑤砂漠化、⑥熱帯林の破壊、⑦生物多様生の保護、⑧遺伝子組み換え食品、⑨有毒化学物質、⑩放射能である。これらの環境問題に国際社会がいかに対応しているのかを、国際法を通じて観察したい。

　第一にこれらの環境問題に関する国際法の発展を歴史的にみる。第二に国際環境法の形成過程を検討したい。第三に国際環境法の諸原則を紹介する。

　1945年以降、国際法のなかで、人権法とともに、環境法の発展が著しいと思う。これは地球的規模で環境問題が表われてきたため、国際社会がその解決を求めて努力してきた結果である。国際法の諸原則を駆使して、問題にあたるも必ずしも新しい事態に適切に対応できない。そこで新たな発想が必要とされ、新しい原則でもって問題にあたる努力が必要とされる分野である。

（1）国際法として

　国際法のほとんどの最近の教科書には「国際環境法」の章がある。いくつかの国際環境法に関しての著作は、国際環境法が国際法の分野の一つであると明言している[2]。

　私は1960年代の後半に国際法を初めて学んだが、当時の国際法の教科書には、国際環境法の章はなかった（田畑茂二郎　上、下、有信

141

堂、1966年）しかしそのことは、国際法が環境問題にまったくふれ
ていないとうことでない。田畑茂二郎『国際法のはなし』NHKブ
ックスには、アメリカ合衆国によるビキニ環礁での水爆実験が論じ
られていて、公海の自由との関係で実験の違法性を指摘されていた。
これに対して新しい国際法の本は、上記に示したように国際環境法
の章を設けて記述するようになった。

（2）環境法として

　環境法の教科書にも「国際環境法」の章がある。国際環境法は環
境法の一分野である。環境法というとき、国内の環境法が主である。
国内の環境法は、国際法との関連が強いため、どうしても環境法の
一つの分野として国際環境法を入れているのである。[3]

（3）国際環境法

　やがて2000年になると国際環境法の教科書が出版されはじめた。礒
崎博司『国際環境法』をはじめとして、渡部茂己『国際環境法入門』、
Alexandere Kiss, Jean-Pierre Beurier, "Droit International de
l'Environnement,"、水上千之、西井正弘、臼杵知『国際環境法』、
松井芳郎『国際環境法の基本原則』, Ulrich Beyelin, Thilo Marauhn,
"International Environmental Law" などである。著者は、いず
れも国際法学者である。[4]

　この事実は国際環境法が一定の内容と体系をもちはじめたことを
意味する。さらに今日の大学では、国際環境法の授業が行われてい
る。[5]

第9章　国際環境法の発展

1. 国際環境法の歴史的展開

　国際的規模の環境問題に対する国際法の取り組みは、船舶による海洋油濁防止の対策からはじまった。「1954年の船舶による油による海洋濁防止条約」の締結にさかのぼることができる。海運国を指導してきた英国が外交会議をロンドンで主催して、本条約の採択を指導した。1958年になり政府間海事機関（Intergovermental Consultative Maritime Organisation）が生まれると、この機関が船舶による汚染問題を扱うことになった。現在は国際海事機関（IMO）と呼ばれる。大型タンカーによる石油輸送が増大し、事故による海洋汚染が無視できなくなった。1969年には、油濁損害にたいする民事責任条約、油濁損害の場合における公海上の介入に関する条約が締結された。さらに、1973年の船舶による海洋汚染防止条約（マールポール条約）がIMOのもとで締結された。これら条約の締約国会議により条約の適用が図られている。

（1）ストックホルム人間環境会議（1972年）以降

　1960年の終わり頃から酸性雨による被害が顕在化し、スウェーデンは国連で環境問題を討論すべきことを提案した。そこで国連総会は、人間環境会議を1972年に開催することを決定した。

　ストックホルムで開かれた人間環境会議を契機に環境条約が急増する。[6]この会議と前後してラムサール条約、ワシントン条約、世界遺産条約、海洋投棄条約が締結される。

　ストックホルム人間環境会議では環境問題の取り組みを組織化す

143

るため国連環境計画（UNEP）創設することとした。こうしてUNEP
は国連総会の補助機関として1973年から活動をはじめた。

　UNEPは地域的海洋プログラムに取り組み、地域的海域保護の
条約の締結に力を入れた。最初に地中海海洋汚染防止条約（1976年）
の成立に成功した。その後、他の地域の海域でも同様の海洋汚染防
止条約の締結が続いた。

　国連海洋法会議では、海洋の環境保護の規定を入れた国連海洋法
条約（1982年）の採択にいたった。海洋汚染防止のため全般的な規
定をおいた。先行のIMOによる船舶規制による海洋汚染を踏まえ、
新しい汚染源たる深海海洋開発による汚染防止を視野に入れた規定
を設けた。

　UNEPはオゾン層の穴の問題に注目し対応した。UNEPの提唱
で外交交渉が進められ、1985年、ウィーン条約の締結に結実した。
ウィーン条約により枠組みをつくり、締約国会議でモントリオール
議定書が合意され、具体的なオゾン層対策が進められた。

　ヨーロッパ大陸での酸性雨の防止を究極の目的とする長距離越境
大気汚染防止条約（1979年）がある。スウェーデンが国連環境会議
を提案した理由が、酸性雨の問題であった。ヨーロッパでの深刻な
問題を克服するために、国連ヨーロッパ経済委員会での酸性雨対策
が検討された結果である。

　1985年10月、オーストリアのフィラッハでUNEP、世界気候機関
とICSU（大気環境学会）が「気候変動」の会議を共催した。数十人
の科学者がこの会議を実質的に組織した。会議後、トルバUNEP事
務局長の呼びかけのもと各国政府、WMOが動いた。1988年には温
暖化に関してまず科学的調査を徹底すべきとの合意のもとにIPCC

第9章　国際環境法の発展

（気候変動に関する政府間パネル）を設立した。IPCCの勧告に基づき、国連総会のもとで温暖化を防止するための条約交渉が始められた。

　UNEPは、ストックホルム人間環境会議での議題「開発と環境」を途上国グループの強い要請で引き続き検討したが、1982年にブルントラント世界委員会に詳細な検討を委ねた。この世界委員会は、1987年の報告書Our Common Future（『我ら共通の未来』）のなかでSustainable Development「持続可能な発展」の概念を展開して、環境問題への対応を促した。この「持続可能な発展」の考えが1990年代以降の環境法に大きな影響を及ぼす。

　UNEPは、IUCNとともに、生物多様性の問題に取り組み、生物多様性条約の締結のために条約締結効のための会議を開催し、1992年のリオ地球サミットでの署名をめざして交渉を進めた。

　有毒化学物質の諸問題にもUNEPがかかわってきた。バーゼル条約（1989年）は、国境を越える有毒廃棄物の規制を定める。UNEPの働きかけ抜きには、この条約の締結は語れない。

（2）リオの地球サミット以降

　1992年、リオデジャネイロで地球サミットが開催された。そこでリオ宣言、アジェンダ21、森林声明を採択、2つの条約の署名を行った。「環境と開発に関するリオ宣言」は、いくつかの重要な法原則を取り入れた。持続可能な発展（Sustainable Development）、予防的手法（Precautionary Approacch）、共通であるが差異ある責任（Common but Differentiated Responsibility）など環境条約の柱となる原則を宣言文に入れたのである。アジェンダ21（行動計画）は国際社会が持続可能な発展の実現のためになすべきことを詳細に叙

145

述した。そのなかで砂漠化防止のための条約を1994年までにつくることを明記したので、国連の組織した交渉委員会はこの実現に努力し、砂漠化防止条約の採択に至った。

　また、有毒化学物質の規制のために、UNEPが音頭を取り交渉をすすめた。ロッテルダム条約、ストックホルム条約はその成果である。2006年に採択された「国際的化学物質管理のための戦略的アプローチ」（SAICM, Strategic Approach to International Chemicals Management）は、化学物質の健康と環境への影響を最小とする方法を2020年までつくることを目的にしている。UNEP、WHO、OECDがそれぞれ承認、検討会議が行われている。

　アジェンダ21の提案に基づき、持続可能な発展を監視する委員会（CSD, Committee on Sustainable Development）を設置した。[7] CSDは経済社会理事会の機能委員会として活動する。経済社会理事会により3年の任期で選挙された53ヵ国から構成され、毎年2～3週間会合する。さらにGEF（Gobal Environemntal Facility, 地球環境基金）の拡充が決まり、途上国の環境問題の取り組みの支援をめざすこととなった。

　リオの地球サミットから10年たった2002年8月末から、南アフリカのヨハネスブルグで国連主催の「持続可能な発展に関する世界首脳会議」が開かれ、ヨハネスブルグ宣言と実施計画を採択のため191ヵ国が参加した。小泉首相を含む104人の各国首脳が集った。[8]

　リオの地球サミットから20年たった2012年、リオ＋20（国連持続可能な発展に関する会議）がリオデジャネイロで開かれ、持続可能な発展の成果を振り返って、「我々が望む未来」を採択した。同じく191ヵ国が参加したが、オバマ米大統領、メルケル独首相、野田

首相は欠席した。⁽⁹⁾

2．国際環境法の形成過程と適用について

　国連の総会、経済社会理事会、国連の経済委員会、国連以外の国際機構が交渉の場を提供したり、条約交渉を提案することが多い。国連専門機関、国際機構により分野別での環境問題の取り組みが行われてきた。1973年より国連総会の補助機関UNEPが、地球的規模の環境問題にかんして組織的な取り組みをしてきた。

（1）　条約により事務局の設立、締約国会議の制度をつくる場合が多くみられる。締約国会議で条約の目的を達成するための交渉、新たな条約（議定書）をつくる。条約の具体的な適用が論じられる場として締約国会議が機能している。オゾン層保護のためのウィーン条約、気候変動枠組条約、生物多様性条約は定期的に締約国会議を開き詳細な取り決めをつくってきた。モントリオール議定書、京都議定書、カルタヘナ議定書がそれぞれの締約国会議でつくられ発効している。

（2）　条約締約国会議に勧告するために専門委員会の設置が多くみられる。具体的、技術的事項に関しての調査に基づく勧告が締約国会議に送られ正式に採用されることも多い。

（3）　専門環境機関の説置―UNEP、IPCC、CSD、GEFなどが設置された。これらの機関は、限定的な狭い分野でその職務を果たしている。

（4）　環境問題に関しての国連総会の決議がなされる。国連総会の決議は国際社会の総意を反映するものとしてその意義は大き

い。国連総会の決議が条約化への出発点になることが多い。

(5)　途上国の環境に対する取り組みを支援するために資金の提供を行うことが普通になってきた。GEFは、途上国が地球的規模の環境問題に取り組む資金を供給する。オゾン層、温暖化、生物多様性、土地劣化、海洋汚染、残留性有機化学物質が対象となっている。

3．国際環境法の諸原則

国際環境法の諸原則として、汚染者負担原則、持続可能な発展、共通だが差異ある責任、予防原則を紹介する。

（1）汚染者負担原則

汚染者負担原則は、元来OECDで1972年勧告の形で初めて取り上げられて以来、多数国間環境条約に挿入されてきた。2001年のストックホルム条約（POPs）はリオ宣言原則16を引用してその適用を明確にしている。

環境汚染の責任は、汚染者がこれを負担するとする考え方である。リオ宣言の原則16においては、この汚染者負担原則が謳われている。

「国の機関は、汚染者が原則として、汚染よる費用を負担すべきであるというアプローチを考慮して、また、公益に適切に配慮して、国際的な貿易、投資を歪めることなく、環境費用の内部化と経済的手段の使用の促進に努めるべきである」。

この文言は、原則というより規範的な性格であるとの指摘がある[10]。

第9章　国際環境法の発展

　EUは、マーストリヒト条約のなかで、PPP原則（汚染者負担の原則, Polluter Pay Principle）を謳い、環境行動計画、勧告にPPP原則が出てくる。OECDは、汚染者負担原則について、何度も勧告の形でその採用を促してきた。いくつかの多数国環境条約もPPP原則の条項を含んでいる。リオ宣言原則16の文言は、「各国はPPP原則の促進に努めるべきである。」と勧告的な言い回しにとどまり慣習法の確認の文言ではない。⁽¹¹⁾しかしPPP原則は少なくともEUおよびOECD加入国の間では慣習法となっている。

（2）持続可能な発展（sustainable development）

　「持続可能な発展」は、1990年代から国際的環境問題を論ずるうえで不可欠の概念として使用されている。この概念はそもそも1972年のストックホルム人間環境会議の「開発と環境」の議論から生まれたと考えられる。1992年の地球サミットでは、中核的な考えとして広く浸透していく。そこで採択されたリオ宣言、アジェンダ21、署名された2つの環境条約の中核的概念となった。リオ会議での合意により設立された持続可能な発展に関する委員会（CSD）は、この原則の実施を監視する役割を負っている。1992年以降の環境条約には、かならずこの文言が入れられている。

　ICJのガブチコボ・ナジマロシュ事件（1997年）において法原則としての「持続可能な発展」が原告のハンガリーにより主張されたが、裁判所は法原則としては認めなかった。個別意見を書いたウイラメントリー判事は、これを肯定した。⁽¹²⁾

　2002年にはヨハネスブルグで、「持続可能な発展に関する世界サミット」が開催された。2012年に、さらにリオ＋20（持続可能な発

展に関する国連会議）が開かれた。いずれも持続可能な発展の実現
を目指す会議である。

（3）共通だが差異ある責任
(common but differentiated responsibility)

　今日、先進国も途上国も地球的規模の環境問題に直面している。
先進国は、途上国よりもオゾン層破壊、温暖化、生物多様性破壊に
大きくかかわってきた。途上国と先進国の経済には大きな格差があ
る。先進国は、環境問題により多くの貢献ができる。共通だが差異
ある責任は、この2つのグループの異なった状況に対応すべく登場
した。[13]

　リオ宣言の原則7は「……地球環境の悪化に対する異なった寄与
という観点から、各国は共通であるが差異ある責任を負う……」と
規定する。気候変動に関する国連枠組み条約は、前文においてこの
規定をおいた。

　すでに1972年のストックホルム人間環境会議で、途上国は環境汚
染の問題を先進国の責任で解決し、途上国の開発を妨げてはならな
いと主張した。ストックホルム宣言原則23後段では、「もっとも進
んだ先進国にとっては、妥当な基準であっても開発途上国にとって
は不適切であり、かつ不当な社会的費用をもたらすことがあり、こ
のような基準の採用の限度を考量することが、すべての場合に不可
決である」と途上国の立場を認めている。同宣言原則24は、「環境
の保護と改善に関する国際問題は、国の大小を問わず平等の立場で
協調的な精神によって扱わなければならない。…」と共通の責任を
謳っている。

1992年のリオ宣言は、「共通だが差異ある責任」という言葉で表現した。多数国間環境条約が、途上国に資金援助、技術移転の制度を取り入れているのはこの原則の適用にほかならない。地球環境基金（GEF）の設立もこの分脈で理解できる。

（4）予防原則（principle of precaution）

科学的不確定性にもかかわらず、取り返しのつかない事態を防止するため、怪しいと考えられる段階で措置をとることを認める立場が予防原則である。人類が今まで経験したことのない新しい技術、製品が100パーセント無害であるかどうかの科学的証明が得られるまで、慎重に対応しようとする考え方である。

1990年、ノルウェーのベルゲンでの国連欧州経済委員会加盟国34ヵ国の閣僚会議で持続可能な発展に関する宣言が採択されたが、そのなかで予防原則の採用が謳われた。[14]

1992年のリオ地球サミットで採択された、リオ宣言の原則15の「深刻な、又は回復不可能な損害が存在する場合には、完全な科学的確実性の欠如を、環境悪化を防止するための費用対効果の大きい対策を延期する理由として援用してはならない」の規定につながる。リオで署名された気候変動国連枠組み条約、生物多様性条約もこの原則を明記した。1992年以降に締結される多数国間環境条約にも予防原則が入れられるようになった。現在50を超える多数国間環境条約において、予防原則が謳われている。[15]

2000年に締結された生物多様性条約カルタヘナ議定書第1条は、予防原則にしたがって遺伝子組み換え生物の国境を越える移動に関して適切な保護を確保すると謳う。

予防原則が慣習法になりつつあるとする説と、慣習法であるという説がある。[16] 私は、慣習法説を取る。その理由は、国際会議での諸国家の何度にも及ぶ予防原則の承認、確認の行動にある。条約の交渉会議、署名、批准の国家行動から広く予防原則の存在を認めることが可能なのである。[17]

おわりに

国際法は、地球的規模の環境問題に直面し新しい概念、原則を発展させてきた。国際環境法が生まれたのである。国際人権法、国際経済法と同様、国際法の内容の多様化の一部をなす。

国際環境法では、持続可能な発展（Sustainable Development）が主導的な原則となり、共通だが差異ある責任、予防原則とともに特徴ある体系を形成している。また環境法条約の形成過程、適用過程を見ると科学的調査による問題の認識、国際機構での外交交渉、枠組み条約の締結、締約国会議の活用による具体的方策の決定の過程がみられる。

10項目の地球的規模の環境問題に関しては不十分ながら下記のような条約が結ばれている。

(1) 酸性雨については、「長距離越境大気汚染防止条約」（1979年）と関連の議定書がある。

(2) オゾン層の穴に対しては、「ウィーン条約」「モントリオール議定書」がある。

(3) 気候変動では、「気候変動国連枠組み条約」「京都議定書」「パリ協定」がある。

第9章　国際環境法の発展

(4)　海洋汚染に関しては、「マールポール条約」「国連海洋法条約」「海洋投棄条約」「地中海海洋汚染防止条約」等などがある。

(5)　砂漠化については「砂漠化対処条約」がある。

(6)　熱帯林の破壊に関しては「国際熱帯木材協定」がある。

(7)　生物多様生の保護については「生物多様性条約」「カルタヘナ議定書」「名古屋議定書」がある。「ワシトン条約」「世界遺産条約」もこれに関する。

(8)　化学物質の規制については「バーゼル条約」「ロッテルダム条約」「ストックホルム条約」「水俣水銀条約」がある。

(9)　放射能の規制に関しては「南極条約」「部分的核実験禁止条約」「核物質防護条約」、「原子力事故早期通報条約」「原子力事故相互援助条約」「使用済燃料管理及び放射性廃棄物管理の安全に関する条約」がある。

(10)　遺伝子組み換え食品の生物安全性に関しては貿易の規制を環境保護の手段とする「生物多様性条約カルタヘナ議定書」がある。貿易と環境についての関係をどう考えるべきなのかについては、WTOの環境と貿易委員会で検討が続いている。

　これらの環境関連条約は問題ごとに締結されている。そして条約加入国が条約ごとに異なっている。一律に全地球的にこれら諸条約が適用されるわけではない。慣習法の成立により普遍的な規範ができあがるが、時間がかかり曖昧さが残る。

　無限の経済発展は地球の資源、環境容量の限界があるので不可能である。地球の有限性のなかで節度をもって生きるしかない。国際環境法はそのための最低限の規範を示そうと試みてきた。今後の更

なる発展が期待される。

【注】

（1）たとえば下記の国際法の本を参照すると、国際環境法を記述する章が
　　すべての本に認められる。

・松井芳郎『国際法から世界を見る』第3版、「第10回　国際法を緑にす
　る」、pp.177～203、有斐閣、2011年。

・藤田久一『国際法講義2』、「第8章第4節　環境の国際規制」、pp.184
　～212、東大出版会、2004年。

・島田芳夫編『国際法学入門』、［第11章　国際環境法］、pp.194～214、成
　文堂、2011年。

・横田洋三編『国際社会と法』、「第13章　国際環境法」、pp.253～276、有
　斐閣、2011年。

・中谷和弘他『国際法』、「第15章　国際環境法」、pp.282～301、有斐閣
　アルマ、2012年。

・横田洋三編『国際法入門』、「第6章　地球的課題と国際法　3.地球環
　境と国際法」pp.291～301、有斐閣、1996年。

・小寺彰他『講義国際法』第2版、「第14章　国際環境法」、pp.382～410、
　有斐閣、2010年。

・酒井啓亘他編『国際法』、「第5編　国際公益の追求　第2章　国際環
　境・共有天然資源」、pp.476～507、有斐閣、2011年。

・大沼保昭『国際法』、「第9章　地球環境と国際法」、pp.429～466、東
　信堂、2008年。

・杉原高嶺『国際法学講義』「第14章　国際環境法」、pp.361～380、有斐
　閣、2008年。

・リチャード・フォーク『顕われてきた地球村の法』pp.133～161、東信
　堂、2008年。

・浅田正彦編『国際法』第2版、「国際環境法」、pp.347～375、東信堂、
　2013年。

・栗林忠夫『現代国際法』、「第15章　国際環境法」、pp.475～488、慶応
　義塾大学出版会、1999年。

・森川俊孝他編『新国際法講義』、「第12章　国際環境法」、pp.180～196、

第 9 章　国際環境法の発展

北樹出版、2011年。
- 柳原正治他編『プラクシス国際法講義』第 2 版、「第20章　国際環境法」、pp.324〜345、信山社、2013年。
- Malcolm D.Evans, ed. "International Law", 3rd edtion, Oxford University Press, 2010.

（2）水上千之、西井正弘、臼杵知史、『国際環境法』p.i、（はしがき）、有信堂、2003年。
- 松井芳郎『国際環境法の基本原則』、pp.10〜11、東信堂、2010年。Kiss, Bueurier, "Droit international de l'environnement", p.19, Pedone, 2000.
- 渡部茂己『国際環境法入門』p.8、ミネルヴァ書房、2001年。
- 杉原高嶺『国際法学講義』p.361、有斐閣、2008年。
- Sandrine Maljean-Dubois, "Le Droit International face au Defi de la Protection de l'Environnement", p.37, Colloque d'Aix-en-Provence, Editions Pedone, 2010.

（3）下記の本がその例である。
- Michel Despax, "Droit de l'Environnement", pp.657〜780, Litec, 1980.
- 阿部泰隆、淡路剛久『環境法』pp.87〜120、有斐閣ブックス、1995年。
- 山村恒年『検証しながら学ぶ環境法』pp.265〜288、全訂版、昭和堂、2002年。
- 大塚直『環境法』第 3 版、有斐閣、2010年。
- 南博方，大久保規子『要説環境法』第 4 版、pp.247〜266、2009年。

（4）下記の国際環境法の本がある。
- 磯崎博司著、『国際環境法』信山社、2000年。
- 渡部茂己『国際環境法入門』ミネルヴァ書房、2001年。
- Alexandere Kiss, Jean-Pierre Beurier, "Droit International de l'Environnement", Pedone, 2000.
- 水上千之、西井正弘、臼杵知史編『国際環境法』有信堂、2001年。
- パトリシア・バーニー／アラン・ボイル『国際環境法』慶応大学出版会、2007年。
- 松井芳郎『国際環境法の基本原則』東信堂、2010年。
Ulrich Beyelin, Thilo Marauhn, "International Environmental Law",

155

Hart, 2011.

（5）立命館大学大学院国際関係研究科では、「国際環境法」の科目が設置されている。著者は、2010年度までこの科目を担当した。

（6）David Armstrong, Theo Farell, Helene Lambert, "Internatioanl Law and Internatinal Relations", p.259, Cambridge University Press, 2007.

（7）Sandrine Maljean-Dubois, "Quel Droit pour l'Environnement?", p.116, Hachette, 2008.

（8）www.mainichi.jp, 社説「リオプラス20　緑の経済へと近づけよう」（6月24日）2013.7.2

（9）www.mofa.go.jp,「持続可能な開発に関する世界首脳会議」、2013.7.2

（10）Beyerlin, Marauhn, "International Environmental Law", p.59, Hart, 2011.

（11）ibid.

（12）杉原高嶺、『国際法学講義』、p.37、有斐閣、2008年。

（13）Beyerlin, Marauhn, "International Environmental Law", p.63, Hart, 2011.

（14）ECEベルゲン宣言「重大なまたは回復不能な損害の脅威がある場合には完全な科学的確実性の欠如が環境悪化防止の措置を遅らせる理由とされてはならない。」1990年34ヵ国が署名した。

（15）Beyerlin, Marauhn, "International Environmental Law", p.49, Hart, 2011.

（16）Cameronは、慣習法と主張する。参照。James Cameron and Juli Abouchar, "The Status of the Precautionary Principle in International Law", p.52, D. Freestone and E. Hey (eds), The Precautinary Principle and International Law 53-71, Kluwer Law International, 1996.
Beyerlinは、慣習法になりつつあるとする。参照。U Beyerlin,, T. Marauhn, "International Environmental Law," p.56, Hart, 2011.

（17）Cameron, Bouchar, "The Status of the Precaution Principle in International Law", p.51, Kluwer Law International, 1996.

第10章

判例紹介：南極海捕鯨事件

（オーストラリア対日本、ニュージーランド補助参加）

第10章　判例紹介：南極海捕鯨事件

【事　件】

オーストラリア政府は2010年5月31日、国際司法裁判所（ICJ）に日本の第二期南極海鯨類捕獲調査（JAPRA2）による南極海での大規模捕鯨活動が国際捕鯨取締条約（以下、条約）および他の哺乳類と環境保全にかかわる国際的義務に反しているとして提訴した。[1]オーストラリア政府は、日本のJAPRA2が商業捕鯨を続けるための「調査捕鯨」であると訴えたのである。

2012年11月2日、ニュージーランドは本裁判に非当事者として参加を表明、当事者の反対がなかったので参加を認められた。

争点となったのは、日本のJAPRA2による捕鯨の特別許可が国際捕鯨取締条約第8条1項に違反するのかどうかであった。

JAPRA2は2005年から始まり南極海で、調査のため1年についてミンククジラ850頭、ナガスクジラ50頭、ザトウクジラ50頭の殺戮を認めるものであった（調査終了の期限の定めなし）。

＊＊＊＊＊＊＊＊＊＊＊＊＊＊＊＊＊＊＊＊＊＊＊＊＊＊

国際捕鯨取締条約　第8条　この条約の規定にかかわらず、締約国政府は同政府が適当と認める数の制限、および他の条件に従って自国民のいずれかが科学的研究のためクジラを捕獲、殺し、および処理することを認める特区許可書をこれに与えることができる。またこの条約の規定によるによるクジラの捕獲、殺害および処理はこの条約の適用から除外する。

国際捕鯨委員会（International Whaling Commission、IWC）は国際捕鯨取締条約により設置、毎年総会を開いてきた。参加国が1票をもつ。2014年9月の総会以降、2年おきの開催に変更された。

159

以下は、国際司法裁判所（ICJ）が2014年３月31日に下した判決である。

【判　旨】

1）12対４。（賛成の判事数対反対の判事数）JAPRA２による日本の特別許可書は条約第８条１項に違反している。[2]

2）12対４。ミンククジラ、ナガスクジラ、ザトウクジラの捕獲、殺戮、処理を認めた特別許可証は、条約付表10eの義務に違反している。（商業捕鯨の禁止）

3）12対４。日本は条約付表10dの義務に違反している。（母船、捕鯨船によるミンククジラを除くクジラの捕獲禁止）

4）12対４。日本は条約付表７bの規定（南極海保護区での商業的捕鯨禁止）に違反している。

5）12対４。日本は、JAPRA２によるすべての特別許可書を取り消すこと、また新しい特別許書を発行してはならない。

【理　由】

　ICJは、JAPRA２が科学調査のための捕鯨であると認めたうえで、JAPRA２の調査方法がその目的に照らして調査方法が合理的かどうかを審査した。[3]

ⅰ．JAPRA２の調査の目的を達成するため、殺す数を減らし、殺さないで標本を検査することを日本が検討したことがない（国際捕鯨委員会の決議とガイドラインは、締約国に殺さない方法による調査方法を考慮することを求めている）。

ⅱ．JAPRA２の殺戮数について、JAPRA２と前のJAPRA（1987〜2004年）を比較したところ、計画の相似性が認められる。研究

の主体、目的、方法において同質である。JAPRA 2 の目的は
南極海エコシステムの観察、種の間の競争を知るためである。
JAPRA 2 は小型クジラ捕獲数を増やし（ミンククジラの殺戮を
400頭から850頭）、新たに他の 2 種のクジラ（ナガスクジラ、ザ
トウクジラ）の捕獲を加えた。この殺戮数の増加の科学的説明
ができない。

ⅲ．日本はJAPRAの捕鯨科学委員会の評価の結果を待たないで
JAPRA 2 をはじめた。これは日本が捕鯨活動を続けるためで
はないかとオーストラリアは指摘した。このような捕獲数の決
定と実施日から純科学的な考慮を日本がしていないことがわか
る。

ⅳ，JAPRA 2 の目標捕獲数と実際の捕獲数の重大な違いがある。
JAPRA 2 実施の 7 年間にナガスクジラ18頭が殺戮された（割
当はそれぞれ50頭）。ミンククジラの殺戮は 1 年に850頭の割当に
もかかわらず、実際の殺戮は年平均850頭と予定を遥かに下回
っている。実際の捕獲数は、年によりばらつきがある。2010〜
2011年170頭、2012〜2013年103頭の捕獲数である。国内クジラ
の肉の在庫が増え、殺戮数を調整している節がある。さらに日
本は、これで科学的情報を十分得られたと主張している。それ
では850頭の割当は合理的であるのか。これではJAPRA 2 の科
学調査の性質に疑問を抱かせる。

　日本がミンククジラのみを殺戮している。2012年10月22日、
水産庁長官の衆議院予算委員会での、ミンククジラの価値が高
い（味とにおいがよい）の発言がある。これでは科学的調査とは
いえないとICJは断じた。

ⅶ，JAPRA 2 には調査期間の定めがなく、意味ある調査の評価ができないのではないか。さらにJAPRA 2 は今日にいたるまで弱い科学的貢献度しか認められない。他の内外の研究との協力が欠如している。

＊＊＊＊＊＊＊＊＊＊＊＊＊＊＊＊＊＊＊＊＊＊＊＊＊＊

　私は、2005年以来南極海で 1 年当たりミンククジラ850頭、ナガスクジラ50頭、ザトウクジラ50頭を殺戮する日本の「調査捕鯨」に関して疑いの目をもってきた。なぜ、ミンククジラだけ850頭を殺すのか。絶滅の危機に瀕するクジラを殺して調査するにしても、850頭を毎年殺すことがまったく理解できなかった。そのクジラを国内で販売している。これが調査のための捕鯨といえるのかと。私は2014年刊『国際環境政策』のなかで、それは実際、商業捕鯨であると論じた。
（4）

　さらに地球に住む人間として、クジラを苦しませて大規模に殺戮する母船、捕鯨船による行為を調査方法として認めるわけにはいかない。
（5）

　ICJの判決文は、IWCの1982年の商業捕鯨禁止決議に日本が反対、クジラを捕り続けてきたことにふれる。日本は米国の圧力で1986年この決議反対を撤回した。その年にJAPRA（調査捕鯨計画）をつくり、特別許可証を出して「調査捕鯨」をはじめた。これは連続してクジラを取り続ける政策である。

　2005年に、JAPRA 2 をつくり、捕獲枠をミンククジラ400頭から850頭に増やし、新たにナガスクジラ、ザトウクジラそれぞれ50頭を加えた。しかも実際の殺戮数はこれらの枠を下まわり、ナガスク

第10章　判例紹介：南極海捕鯨事件

ジラをまったく殺戮していないなど、科学性を疑わせる。IWCの
決議やガイドラインは、殺さない方法での調査を尽くし、殺戮に
よる調査はどうしても必要なときに限られるとしてきたことを日本は
無視してきた。

　シーシェパード（Sea Shepard）が2006年、南極海に2隻の船を
送り、日新丸（母船）、海幸丸（捕鯨船）の活動の妨害に成功した。⁽⁶⁾
悪臭のする缶や発煙弾を日本船に投げ込むこととロープを日本船の
スクリューに絡ませる方法をとった。さらに2007年2月15日、日新
丸で火災が起こり、乗組員1人が死亡、大量の毒物が南極海に排出、
多くの海洋生物に悪影響を及ぼした。このように捕鯨船の事故によ
る毒物の排出も由々しき問題である（火災はシーシェパードの活動と
は関係ない）。グリーンピースもエスペランサ号を南極海に派遣、シ
ーシェパードのような妨害行為はせず主に観察行動をとってきた。⁽⁷⁾
エスペランサ号は火災を起こした日新丸の救助を申し出ている。⁽⁸⁾

　環境保護団体シーシェパードは日本の捕鯨活動からクジラの命を
守るための行動をしている。南極海捕鯨禁止区域での日本の捕鯨活
動が、国際法に反するので実力によって抗議するというものである。
シーシェパードは、オーストラリア、ニュージーランドに対して日
本の捕鯨活動を阻止するように呼びかけてきた。2006年、シーシェ
パードの船にはベルリーズの船籍があったが、ベルリーズ政府は、
日本の働きかけで船籍を剥奪したので、無国籍となった。これによ
り、海賊船と見なされ、各国の取り締まりを受ける状態になった。⁽⁹⁾
シーシェパードは、1977年、グリーンピースを脱退したポール・ワ
トソンにより米国で設立、アイスランド、ノルウェー、日本を相手
に闘ってきた。⁽¹⁰⁾非暴力による活動をしてきた。オーストラリア、ニ

163

ュージーランドのICJへの提訴はシーシェパードの行動と無関係ではない。

　ICJはJAPRA２の調査目的、すなわち南極海の生態系の調査、種間の競争に照らしてその調査方法が合理性をもつのかどうかを検討した。その結果、ICJは合理性がないと断じた。条約８条１項の規定する科学的調査のための捕鯨とはいえないと断じた。このICJの多数意見（12人の判事）にまったく私は同意する。

　４人の判事（日本の小和田判事を含む）が少数意見を表明した。ICJの大法廷は15人の判事より構成される、本件では、オーストラリア国籍の裁判官がいないため、１人をオーストラリア国籍裁判官として入れたので16人による審議となった。[11]

　2014年９月に開かれた、国際捕鯨委員会（IWC）は、ニュージーランド提案（総会でも調査捕鯨計画を審議する）を賛成33、反対20で可決した。[12] 総会は２年に一度開くことになり、次回は2016年となり、調査捕鯨を15年からはじめられなくなる。しかし決議に拘束力がないので法的には15年に実施できるが、実施すれば決議違反との非難を招くことになる。

　日本政府は2015年から再び「調査捕鯨」を行った。[13] 新しい調査計画をとった。クロミンククジラ333頭を捕殺するものである。2015年11月に下関から船団が南極海に出発した。以後毎年継続され、2018年11月12日に４回目の出発となった。[14]

　2008年１月15日、オーストラリア連邦裁判は、同国海域内での調査捕鯨をしている共同船舶に対し、海岸線周辺、南極海沿岸における捕鯨を禁じた。[15]

　2017年１月、シーシェパードは、南極海でミンククジラを殺害し

第10章　判例紹介：南極海捕鯨事件

た写真を公表した。これを受けてオーストラリアのフライデンバーグ環境相は殺戮を非難し、あらゆる捕鯨に反対していると言明した。このように、オーストラリアの日本提訴の背景には、国内の反捕鯨政策が以前からあるということである。

2018年12月25日、安倍内閣は日本がIWCを離脱し商業捕鯨を再開すると決定した。IWCの捕鯨支持国は41、反捕鯨国は48である。IWC離脱により南極海の調査捕鯨はできなくなる。日本の領海と排他的経済水域で商業捕鯨を行うとした。国際組織を脱退し世界の世論に抗して商業捕鯨を行うことは国際協調主義に反し、外交上の日本の評価を下げるものである。

【注】

（1）International Court of Justice, "Whaling in the Antarctic (Australia v. Japan: New Zealand intervening) 31 March 2014, Judgement" の記載より。

（2）同上。

（3）同上。

（4）長谷敏夫『国際環境政策』p.19、時潮社、2014年。

（5）ハイデガーに連なる哲学者ドナルド・ターナーは人間と人間以外の動物との関係を次のように考える。人間は動物の主人でなく、保護者であるべきである。動物の謎を守り、自然かつ本来の姿を維持するように努力する必要がある。経済的利益を得るために不当に苦痛を与えたり、ゆがめられたやり方で動物を扱うことは許されない。私たちは、動物に倫理的責任を負う。この動物福祉の考えからはクジラを殺戮する事自体が認められない。捕鯨に批判的な意見の背景にはこのような動物に対する倫理観がある。

　　　Donald Turner, "Humanity as Shepard of Being", p.164, in the book "Heidegger and the Earth". McWhorter and Stenstad, ed., Toronto University Press, 2009. 訳書『ハイデガーと地球』東信堂、

2019年刊行。

（6）DVD『絶対捕鯨禁止区域』"At the Edge of the World" 2009.

（7）同上。

（8）voicejan2.heteml.jp, "JANJAN News" 荒木祥（2007.3.30）2014.9.19 インターネット・ホームページ

（9）DVD『絶対捕鯨禁止区域』"At the Edge of the World" 2009.

（10）同上。

（11）Internatioanl Court of Justice, "Whaling in the Antarctic（Australia v. Japan: New Zealand intervening）31 March 2014, Judgement" の記載より。

（12）朝日新聞2014.9.19 朝刊記事「捕鯨再開求め決議」

（13）朝日新聞2014.9.18 朝刊記事「日本、捕鯨再開を表明」

（14）Nikkei.com.「いってらっしゃい捕鯨船、下関港から南極へ出発」2018.12.6（土）

（15）abpbb.com「豪連邦裁判所、日本調査捕鯨船に操業停止命令」2008.1.15

（16）bbc.com 2017.1.16, "Photos show Japanese whaling off Antarctica, group says"

（17）日本経済新聞、朝刊、2018年12月26日（水）

第11章

長崎の石木ダム建設について

第11章　長崎の石木ダム建設について

　長崎の佐世保市ハウステンボスに多くの観光客に来るが、その南
隣に大村湾に面した川棚町がある。人口１万5,000人の町である。
この川棚町を川棚川が貫き大村湾に注いでいる。川棚川の支流石木
川をせき止め、高さ55メートル、長さ234メートルのダム（総水量
548万トン）が計画された。50年前に長崎県と佐世保市が利水を目
的にしたダム計画をつくった。2013年事業認定され、工事に入った。
ダムにより故郷を奪われる地域の住民は工事の阻止のため工事現場
で座り込み、抵抗を続けている。事業者は2022年の完成をめざして、
2019年２月現在、県道の付け替え工事を進めている。
　本稿は、この石木ダム建設をめぐる諸問題を論じるものである。
2018年10月14日（日）の東京新聞朝刊は２ページにわたり石木ダム
の問題を報じ、これを見た私は12月に現場を見学した。

1．経　過

　1972年に長崎県知事が予備調査を実施したときにさかのぼる。こ
の調査について知事と地域住民の間で覚書が交わされ「住民の同意
なしに工事を進めない」との約束がなされた。ところが1975年、予
備調査が終了すると県は石木ダム建設計画を国に提出した。1982年、
県は強制測量を機動隊の支援を受けて行った。そして県は2009年、
国に事業認定を申請、2013年に国の事業認定を得たとして2014年３
月から道路工事を始めた。この時から反対住民はピケをはり、工事
車両の通行を止めようとしてきた。
　当時、県知事と地域住民を代表する三地区の自治会長の間に結ば
れた覚書は、契約であり誠実に守らねばならない。強制測量を県側

169

が相手方の住民の合意なく行い工事を始めたことは契約違反となる。

2．付け替え道路工事建設と住民の座り込みによる阻止行動

　2010年３月、県が道路工事に入ると、反対住民は工事現場の入り口に座り続け一時工事を中断させた。県はゲート前の通行妨害禁止の仮処分を申し立て、長崎地方裁判所の決定をうる。そして工事に入るが、2018年２月より、住民は工事用道路で座り込みに入る。2017年８月には重機の下に潜りこんだ。13世帯による工事現場での座り込みは、土曜日、日曜日を除きずっと午前中に継続して行っている。

　住民による体をはった直接行動はきわめて効果的で、工事車両を止め工事を数ヵ月に渡り遅らせ、県に仮処分の裁判手続きをとることを余儀なくさせた。住民のピケ隊がいないときをねらってでしか工事を進めることができない。

　2013年に国の事業認定を得た県は2015年８月、４世帯の田畑に強制執行を行った。４世帯の家屋を含む土地３万平方メートルについても2016年８月審査を行い、審査の決定を待っている。また９世帯の住む９万平方メートルの土地、建物について審理を、2017年８月に終了した。収容決定を待つ状態になっている。13世帯の家がさらに収容の対象となり、収容委員会で審理されている。

3．訴　訟

　2015年、地権者、佐世保市民、608名が事業認定の取り消し及び

第11章　長崎の石木ダム建設について

執行停止を求めて提訴した。執行停止については2017年3月却下される。そして取り消し訴訟は2018年7月9日、棄却された。106名の原告団はこれを不服とし、同年7月23日、福岡高等裁判所に控訴した。

2016年2月2日、工事差し止めを求める仮処分を申請したが、同年12月20日、却下された。そこで2017年3月6日、工事差し止めを求めて提訴し、長崎地裁佐世保支部で係争中である。

上記のように、原告団は民事訴訟と行政訴訟を展開している。裁判の争点は、ダムをつくる意義があるのかどうかにある。事業者は利水に付け足して治水を主張する。利水と治水について合理的に説明できるのであろうか。

利水であるが、佐世保市がダムからのすべての水を利用するのであるが、市の将来の水需要予測が実態とかけ離れている点に難点がある。幻の水需要を理由としているのである。佐世保市の人口は減少、需要は下降気味である。水道料金収入も減少している。佐世保市の水道は漏水が異常に多いのである。老朽管の更新がなく、耐用年数を超えた水道管が多く、その比率は全国平均を上回っている。平成27年度の1日平均漏水量は、9,350トンになり、5万人分の生活用水の喪失となり、給水原価にすると、7億円／年になるという。

佐世保市の水需要予測値は、過去6回、石木ダムの経過から得られる水量に見合う水不足を主張してきた。需要予測の手法が毎回変化し、石木ダムの事業が開始された1975年当初から石木ダム6万立米／日の需要不足として治水の代替案は客観的、合理的に検討されるべきところ、その形跡はない。

既往の洪水について問題をたてた形跡がない。500〜1000年に一度

171

起こると想定される洪水の流量を高水流量とし設定している。降雨強度の超過率についての検討がない。非現実的な流量計算をしている。⁽¹⁵⁾

　自然保護、生物多様性保全の観点から、石木ダムによる生態系の破壊は深刻な問題をもたらす。淡水魚類は11目34科73種に及び、底生動物と昆虫が多い。⁽¹⁶⁾熊本の川辺川より多く生物がいるのである。

　石木ダムにより失われる里山風景はかけがえのないものである。夏には蛍が乱舞する。棚田は谷間に広がり、日本棚田百選にも選ばれている。さらに、ダム建設により、川棚川の水が汚染され、大村湾の水質を悪化させる恐れがある。大村湾は内海であり、水の出入りがきわめて少ない。

　石木ダム建設において行政代執行の方法がとられる可能性がある。ダム建設でこのような方法がとられたことは過去になくゆゆしきことである。

おわりに

　ダムは決壊すると下流の地域に水害をもたらす。1951年7月11日、京都府亀岡市の山中の「平和池ダム」が豪雨で決壊、下流の年谷川の堤防を崩し篠村柏原地区で死者114人を出した。⁽¹⁷⁾貯水量22万立方メートルのこのダムは治水と農業活用を目的に1949年につくられた。水害予防のダムが水害を招いたのである。

　宮城の石巻市の気仙沼湾に注ぐ大川に新川ダムが建設されようとしている。そこでも反対運動が繰り広げられている。⁽¹⁸⁾石巻市の大川は、2011年3月11日、東日本大震災で巨大津波が遡り、大川小学校の児童ら82名の人命を奪った歴史がある。

第11章　長崎の石木ダム建設について

　当時の田中康夫長野県知事が2001年2月1日、脱ダム宣言を発表
してから18年が経過しても、50年前につくった計画に固執してい
る。川幅が2〜5メートルしかない石木川をせき止め、需要の見込
みのないのに利水と称して工事を進めるのである。石木ダムは川棚
川流域面積の10%に過ぎない。里山の景観、棚田の石垣、そこに生
息する多様な生物、昔から受け継いできた人々の生活を強制執行で
追い出し豊かな生態系を破壊する石木ダム建設に理はない。

　2019年1月12日の梅原猛（93歳）の死亡記事のなか、梅原が生き
とし生けるものの殺生を許せないと考え、長良川河口堰、諫早湾の
堤防閉鎖に抗議したことが書かれていた。梅原の「草木国土質悉成
仏」の主張である。

　石木ダムもこうした文脈のなかでみてみると、ごく自然に中止す
べきことが読みとれる。

　石木ダム建設反対の住民の工事現場での座り込みによる抗議行動、
裁判闘争による闘いには、全国からの支援がある。ドキュメンタリ
ーフィルム『ほたるの川のまもりびと』がつくられ、2018年一般公
開された。

　2018年5月5日と6日、加藤登紀子は川棚町に来て、6日のシン
ポジウムの司会をしたが、横には前滋賀県知事嘉田由紀子もいた。
2008年、当時の嘉田由紀子滋賀県知事は淀川水系の大戸川ダムの建
設凍結を大阪府、京都府、三重県知事と連名で求めた。国はこの事
業を凍結した。2019年3月、三日月滋賀県知事はダム着工の容認を
表明した。自民党・公明党が多数を占める県議会が早期着工を2017
年12月決議したことを受けたものである。京都大学の今本博健名誉
教授は河川工学の専門家として、石木ダムが無駄に過ぎないことを

173

論証された。こうした外からの応援態勢は地元でのねばりつよい反対運動にとってきわめて有効である。

石木ダムの建設を注視し、美しい日本を長く末代に伝えることを訴えたい。

【注】

（1）資料　石木川まもり隊「石木ダム計画と問題点」2018年。

（2）同上。

（3）同上。

（4）東京新聞朝刊、2018.10.14（日）東京新聞特報面―長崎石木ダム建設反対13世帯闘い半世紀「負けとうなかたい」―

（5）同上。

（6）石木川まもり隊　松本美智恵（佐世保市塩見町1‐30‐1311）の談話、2018.12.22　川棚町内にて。

（7）資料　石木川まもり隊「石木ダム計画と問題点」2018年。

（8）石木川まもり隊　松本美智恵（佐世保市塩見町1‐30‐1311）の談話、2018.12.22　川棚町内にて。

（9）SANKEI.COM「長崎・石木ダム、事業認定取り消し認めず　長崎地裁」2019.1.18

（10）LEX.LAWLIBRARY.JP「石木ダム事業認定取消訴訟第1審判決、2019.1.18

（11）suigenren.jp 水源開発問題全国連絡会「石木ダム事業認定取消訴訟控訴審」2019.1.18

（12）suigenren.jp 水源開発問題全国連絡会「石木ダム工事差し止め訴訟」2019.1.18

（13）原告松田美智恵「意見陳述書」2017.7.10

（14）石木ダム対策弁護団編集、「石木ダム建設問題の現在」、p.24、2018年。

（15）同上。

（16）資料　石木川まもり隊「石木ダム計画と問題点」2018年。

（17）朝日新聞朝刊、2019.3.3（土）

（18）読売新聞朝刊、2019.1.15（火）

（19）長谷敏夫『国際環境論』p.57、時潮社、2006年。

（20）つる詳子「今後の流域の治水のあり方」パンフレット『ダム建設をする前に、是非考えてほしいこと』つる詳子と石木川見守り隊、2018年。

（21）中日新聞朝刊、2019.1.15（火）

（22）『ほたるの川のまもりびと』山田英治監督、NPO法人 better than to day制作、2017年。

（23）『ほたるの川のまもりびと』山田英治監督、NPO法人 better than to day制作、2017年。

（24）朝日新聞夕刊、2019.4.16（火）

（25）石木川まもり隊　松本美智恵（佐世保市塩見町1‐30‐1311）の談話、2018.12.22、川棚町内にて。

附

文　献　紹　介

附　文献紹介

1．『ハイデガーと地球』

ラッデル・マクフォーター、ゲイル・スタンステド編　発行：トロント大学出版会（2009年）

Ladelle McWhorter and Gail Stenstad, "Heidegger and the Earth: Essays in Environmental Philosophy," Second, Expanded Edition, University of Toronto, 2009.

　本書を環境哲学の本として紹介したい。本書は、第2版である。第1版は1992年6章編成で出版された。この本を2007年、日本語に翻訳し、東信堂より『ハイデガーと地球』の題で出版した。この第2版は、2009年、トロント大学出版会より、13章編成で出された．第1版の6章をそのまま維持し、新たに7章を加えたのである。編集者は、マクフォーターとステンステドの2人となった。11人が寄稿した。この第2版も、翻訳し、2019年に出版される。

　地球の危機は防止されなければならない。直ちに行動を起こすべきと考えられるかもしれない。時間がない。しかし、この緊急性のなかでハイデガー的に考えることは人間の行動を再考することである。それは西洋文明の「管理」概念、すなわち、技術的介入、人間の認識の過信、自己の行動を自然の上におくことに疑をとなえることを意味する。ハイデガーは私たちに早急な行動をいましめ、熟考をやめないよう呼びかける。むしろ、思考が自ら展開するように見通しや目標なく考えることを促す。そのような思考が逆説的に緊張と行動、計算、ロゴスと詩作と緊急性のなかで何かをもたらすであろう。

　寄稿者は、すべてハイデガーの哲学を学んだカナダ、スイス、英

179

国、アメリカ、フィリピンの人たちである。ハイデガーの書物から
生じた思考をもって地球の危機を論じた。ハイデガーにより開かれ
た思考のなかで、生態学的関心を高めた。生態学的に考えることは、
死を意味する。人類と動物、植物の絶滅を考えることになる。

　本書は 3 部構成をとる。第 1 部　地球を考える、第 2 部　動物と
世界、第 3 部　詩と住まうこと。第 1 章から第13章の要約を行い、
最後に10章と12章についての批評を試みたい。

第 1 章　管理技術としての罪意識：ハイデガー的反省の呼びかけ

ラッデル・マクフォーター

　ハイデガーの技術に関する考え方、地球に対する道具的、計算的
思考に関する反省的思考を紹介している。マクフォーターは、「罪
を感じる」という道徳的な言説が実際には、テクノロジーによる管
理であると主張している。

第 2 章　ハイデガーとエコロジー

ハンスペーター・パドルット

　ハイデガーの思考はエコロジー運動に大きな影響を及ぼした。ハ
イデガーは、現代人の生活を「人は詩的に地球に住まう」(ヘルダ
ーリン)を引用し、我々の生活が詩的でなくなってきたと述べた。
エコロジーと現象学の合致は、循環への回帰であり、直線的還元論
の問題が明らかにされる。客観的主観主義は近視眼的であり、存在
を忘却している。ハイデガーのツオリコーンセミナーに参加した著
者はハイデガーに共鳴した。

附　文献紹介

第3章　地球思考と変革

ケニス・マリー

　地球と人間の関係はいかにあるべきか。地球を人間のために存在する単なる物と見なし、管理することが今日の深刻な環境問題を引き起こした。世界と隔絶し、孤独に生きる道である。西洋の生活様式がこれである。これに対して、地球と人間は一体であり、深くつながっていると考え、地球を友とする生き方がある。地球の意味を探求し、人間との関わりを考えることにより、地球思考の変革をもたらすことができる。

第4章　地球を歌う

ゲイル・スタンステド

　闇（保護することであると同時に脅かすことでもある自己秘匿）としての地球、もう一つは、私たちの地球への〔帰属へののぞみ〕である。私たちが闇としての地球を拒否し、物たちの語りを聞かないとすれば、私たちは、地球から切り離され、しかもそれは、破滅的ない結末をともなう。それとは、別の道を行こうと著者は言う。すなわち、地球と物たちの顕われと、隠されとともにあろうとする道である。それによって私たちの帰属ののぞみは、歌や絵画や建築を含む人間の言語において、私たちの住まう方法においてかなえられるであろう。

181

第5章　地球の呼びかけ：寄贈と（遅れた）返答

ロバート・ムゲラウアー

　ロバート・ムゲラウアーは、ハイデガーの我々の直面する情況に関するより深い革新的な思考にずっと深くはいっていった。ジャン＝ルック・マリオンの与えられたことに関する研究をすることによってである。マリオンの思考は、主観性という概念を解体し、我々を恵まれたものと定義し、与えられたものをもらう者とした。与えられたものは、この与えることのなかでそのような唯一のものである。与える、与えられる、与えられるもの作用の範囲の議論が表れる。自然に見られるものなのか、または、芸術作品に表れるのか、そして、どのように地球そのものが与えられるのかの質問が出てくるのである。ムゲラウアーは、ハイデガーが古典的言葉 phusis を再びもちだしたことに注目した。我々の管理なしに自ら表れるものが出現するのである（しかし完全に問うことではない）。ここに表れた見識は、科学的、または哲学的方法により行う還元的方法よりも地球や、わたしたちや、与えられるものよりももっとたくさんのものがある。なぜか。なぜなら、与えられることはなぜを問うことなしに起こるからである。そして、なぜを問うことなくものに出会うのである。そしてわれわれは、地球の呼び掛けに応え始めることができる。ここでいま、自分の場所で。

第6章　言葉としての沈黙の春：動物性と言語の起源に関するハイデガーとハーダ

トム・グレーブス

　ハイデガーの動物に関する問題を取り上げた3つの論文の最初の

附　文献紹介

ものである。グレーブスはハイデガーが言う動物と人間の間にある
差異の特質が何かの問いを取り上げた。これは、ハイデガーが他の
ところで懸命に試みた形而上学の解体の不運な確認なのか、それと
も他の方法で理解が可能なのかということである。ハイデガーの
『人間主義に関する手紙』、1939年のハーダーにかんするハイデガー
のセミナーの『言語の起源』『形而上学の基本原則』に深い注意を
はらい、グレーブスは、第3の方法を議論し、ずっと生態学的に重
要な解釈をしている。深遠な人間と動物の差異は本質的な違いでな
く、むしろそれは、各々の存在の本来の状態に解放する自然の沈黙
の声を聞く方法であるということである。すべてのものをそれぞれ
の環境のなかでいっしょに帰属させるのである。

第7章　世界像の時代における環境管理

デニス・スコッツ

　デニス・スコッツは、人間以外の動物と存在がいかにあるべきかを
論じている。彼は、地球情報システムの利用とリスクを慎重に検討す
る方法をとった。スコッツは、GIS（Geograhical Information System）
を外見上全地球を映す優れた方法と見る。すべてのリスクをもつ、
全体化する能力により拡大された代表的思考の案内人であるとハイ
デガーはみる。これらのリスクを心にとめることが特に不可欠であ
るとスコッツは強調する。特にGISが技術的侵害から動物を守るた
めに、動物の住みかの行動を知るために使用されるときである。大
きな危険は、GIS的な動物世界の理解は、動物の経験と大きく違っ
ているということである（疑似世界とスコッツは言う）。GISは画像
の情報システムであり、音声や古い通信技術に頼らない。それは本

質的に動物の本能や認識の危機感につながらない。GISはたいへん強力な道具なので、また普遍的なものなので、善意の利用者であっても、動物の住居や行動の観察に失敗するのみならず、自らの失敗にも気づかない。

このスコッツの観察は、ハイデガーによる身近な存在の概念の分析へとつながる。環境にとらわれているので、動物は何も身近な存在を手にすることができない。身近な存在を強める知識の特権的形である現代技術が今の世界に深刻な損害を与えているが、環境からの大幅な自由をも、同時に与えてくれる。我々の使う道具からの自由も与えてくれる。危険は大きいが、GISに自由を奪われることはない。道具として使いこなせばよいのである。さらに身近な存在からの自由は、動物の疑似世界に我々を投影することを可能にし、人間以外の動物の受託者として我々が行動することを可能にしている。動物が認識できないあるいは本能に対応できない危機からかれらをまもるためにである。

第8章　存在の羊飼いとしての人間：ハイデガーの哲学と動物他

ドナルド・ターナー

ドナルド・ターナーは、ハイデガーの業績が実践的倫理学を形成することができるかを探るのである。伝統的倫理学の理論共通の枠組みと目的を否定したうえである。特にターナーは、人間と動物がいかにいっしょに生きるかの問題を問うている。ハイデガーの業績は、ハイデガーがめざさなかった、意図しなかった方向へと導くとターナーは論じる。

ハイデガーの言語の強調が実際にすべての動物を倫理的考慮から

排除するが、ターナーは動物を世界無しでなく世界貧と論じるハイデガーの議論、「存在の羊飼いとしての人間」は、ハイデガーが投影と呼ぶものへの可能性を開く。人以外の動物の存在の方法であり、計算できない、把握困難かつ基本的に無関心でない―端的に搾取することなく知り気遣う。この方向で、ターナーは、ハイデガーのみつばちの特徴づけの議論を打ち出す。これと対照をなす囚われからの自由な人間―そしてそのような人間の認識構造―時に客観性の基本的要求として軽蔑される―人間が世界と出会うときに自由にするもの―ハイデガーの人以外の動物に関するもっとも重要な記述の挑発的な説明を提供する。

第9章　建設を思考し詩作する道：地球上の人間の不気味さ

ステーブン・デイビス

人間が地球上では、「家」にいないというハイデガーの考えが紹介される。デイビスは力で圧倒するものに対して、暴力と策術で対抗する人間の不気味さを指摘する。テクネーという言葉と技術との関連を考える。人間が暴力的にならないで、地球を技術のための資源とすることなく、地球に住むことができるのかどうかを問う。

第10章　何も起こらないところ：ハイデガーとアレラノにおける詩的空間

レモン・バルバザ

ハイデガーと同時代に生きたフィリピンの建築家アレラノが、隣人として同じ町内に住むとして本論文は始まる。フィリピンの建築家アレラノの「曇り日」の絵画の前での黙想をとおしてバルバザは、

ハイデガーの住まうことの概念と芸術作品の創造の関係を考える。ハイデガーは、我々に詩的に住めと呼びかけるが、それは、存在の関係で何もないことに同調することを意味すると、バルバザは書く。バルバザはアレラノの絵画のなかにそのような同調を発見する。アレラノは、人間の生活空間を描き、ときに自然とよばれるもののなかに住む。アレラノは機械化と原子力時代の侵略により消え去るものを描きたいと言う。バルバザは、詩的測定の議論でしめくくる。現代技術は管理と支配のために計測し、客観化する。詩的測定は距離を消すことなく、近さを測る。詩による計測は根源的空間を開く。

第11章　出会いの場所

トーマス・デイビス

　それは、人が『地球と隣り合わせて住むことに招かれて』いるかどうか、道づれとして地球に属するように生きているかどうかの問いで始まる。この問いに答えるためにデイビスは、ふたつの文章、ウェンデル・ベリーの『家政学』におけるかれの鷹との出会いと、『野の道』における古いカシの木といなか道のあいだの沈黙の対話に関するハイデガーの記憶についての瞑想へと私たちをみちびく。かれの瞑想の道筋をとおして、デイビスは、なじみのないものへと本質的に開かれてあることとしての、「並んで」（next-to）ある、ないし、隣人として生活する深い可能性としての私たちの人間存在への気づきへと私たちをいざなう。そしてかれは、なじみのないものとしての、知り得ないものとしての地球という新しい意味へと、さらに私たちはみずからの死を知り得ないように地球をも知り得ないというところにまで私たちをつれていく。このエッセイは、差異、

境界、そして、他であることへのうやまいについて語っている。しかし、そのこと以上に、それは、本質的な差異をうやまうことにおいてのみ可能な、『ともに属すること』(belonging-together)、『道づれになること』(companioning) についてのエッセイである。デイビスのエッセイは、つねにどこにおいても人間以外には、技術それ自体以外には何ものにも出会わない技術的思考とは逆の位置に立っている。『出会いの場所』は差異を語り、そのなかで差異が生起することが許される開示のうちでのみ可能な畏怖を語っている。

第12章　Ereignis：郊外の大学の芝生上の会話

ラッデル・マクフォーター、ゲイル・スタンステド

「Ereignis：または、郊外での芝生上の会話」は、考えることの緊急性に関するものである。我々の食料の供給が地球や人の健康を考えない一握りの巨大企業の手に握られるようにだんだんなってきているときにである。しかし、ここでの「我々の」とか「我々」とはなにか。それは誰なのか、なになのか。最近の全体の管理にむかっての動きのなかにいかなる危険があるのか。食料の管理だけでなく、人間の管理にむかっている。ラッデルとゲイルはハイデガーによって開かれた歴史的、あるいは現代的な無関心の根源をあきらかにし、第一番目の問題、我々が行動し、考え、食べるという動物的な関係性の謎に関する思考をすすめた。雑草を食べるという単純な行為が過激な運動となり、それは、思慮深い食通を地球というものの表れと隠しのなぞに目覚めさせる。最初に自分の場所に住まい、さらに地球に住まう可能性を明らかにするのである。我々がそれを想像し、考えはじめるときにあらわれる可能性が出てくる。

第13章　身近な謎

ゲイル・スタンステド

　ゲイル・スタンステドは、いかに我々の思考と行動が無益にみえ、地球と世界の破壊を仕方なく目撃することを余儀なくされる情況のなかで、我々が力をもつことができるのかの問いを取り上げる。

　ハイデガーの『哲学への寄与論稿』によって取り上げられた思考を掘り出すと、無秩序の思考が出てくる。そこでは、すべての伝統的な二元論の試みとその組合せ（客観性、領域、一般的にすべての理論的目的）が崩れ落ちるのである。これがハイデガーの言うことの深みを開くことを始める方法である。

　これは、抽象化でないし、言葉の遊びでもない。この無秩序の思考こそが、たとえば環境哲学やほかの関係者にもっともよい理論的な見解をもたらす。画一的な合意やその達成に期待を抱くこともなく、行動を促進することができる。実践的な力を得ることの可能性がある。明白な結果がみえなくとも、物事のより深い探求が本来の思考の魅惑を教えてくれる。古い期待を捨て、解決をめざすことなく謎にいどみ、流動的な関係性のダンスのなかで本来の姿を見いだすことができる。我々は地球に住み、それに値する行動をとることができる。

＊＊＊＊＊＊＊＊＊＊＊＊＊＊＊＊＊＊＊＊＊＊＊＊＊＊

　私はかねてから、環境保護運動に興味をもってきた。ハイデガーの思考が環境保護の運動に大きな影響を与えているとの指摘が本書第2章『ハイデガーとエコロジー』（ハンスペーター・パルドット）にあり、どのように影響を与えているのかが気になった。

ヘルダーリンの詩、「人は地球に詩的に住まう。価値にみちて住む」の引用から、私は地球に住まうという考え方を学んだ。ハイデガーの言う「詩的でない」とはすべてを数字に還元し、計算することが過剰であるとする。科学技術の過度の利用により地球が住みにくくなってきていると解釈したい。地球に人間がいかに住むのかが問われている。住まうことには、食べることも含まれる。第12章で郊外の大学の芝生の上で本書の編者二人が対話した。我々は、農業を工業化し、遠いところから石油を使い食料を運んでくる。そして、身近にある食べられる植物については何も知らないと指摘している。我々は地球を食べている。その地球をますます汚し、住みにくくしている人間の責任は重大であると本書は警告している。

人と動物の関係についての議論も興味深い。第8章では、金銭的利益の最大化のために動物を虐待し、物として動物を扱っている現状を批判している。2008年の米国の映画『フード・インク』（DVDあり）は、この問題を提起している。人間は動物に対して倫理的責任を有しているので、保護者として振る舞わなければならないとの指摘に賛同する。

遺伝子組み替え技術の検討は、人間と動物の関係を考えるうえでさけて通れない。第10章「何も起こらないところで」のなかで、バルバザは、人間のクローンの問題を恐るべきと書いた。2012年10月、万能細胞（Induced Plusripotent Stem Cells）の研究により、山中伸哉教授とグルドン教授はノーベル生理学医学賞（2012年）を受けた。都合のよい細胞をつくり出し、人体に組み込む治療法を進めるためのものである。イラク、アフガニスタンへの軍事介入で悪評をかったブッシュ大統領が、万能細胞の研究費をゼロとしたことを知

った。彼が生命に対する冒瀆との倫理的立場をとったことは興味深い。

　バルバザは、現在を技術に従属し自然を征服する時代と見る。人類が地球の生物の生存の最大の脅威となっていて、神が客観化されているという。本書は地球の危機を指摘するのみで、いったい人間がなにをなすべきかについての具体的な提案は何もしていない。深く考えよと言っているのみである。考えるにあたっては、ハイデガーの思考の枠組みを提示した。物事のより深い探求が本来の思考の魅惑を教えてくれることが期待できるとのゲイル・スタンステドの第13章での言及が心に残っている。本書の示唆を読み取り地球に住まうことの意味を考えたい。

附　文献紹介

2. 『GEO‐5　地球環境概観　第五次報告書　上』
国連環境計画：編、青山益夫：翻訳　発行：環境報告研（2015年）

　本書は、UNEP（国連環境計画）の管理理事会の決議により地球環境の概観の作成をUNEP事務局長に求めたことに始まる。広範囲の統合的、科学的に信頼できる地球の評価を求めた。91名の政府代表、55名の主要な利害関係者からなる「世界の政府及び多様な利害関係者協議会」が2010年3月設立され、本書の刊行を行った。

　本書は、地球の環境的側面の実情の報告書である。地球の全体的観測の書である。人類の生存状況の観点から物理的な問題点を指摘した。そして政治的観点からどこまで対策が進められているのかを述べ、その到達点を述べている。すなわち現在の国際社会の対応の評価をしている。本書はリオ＋20（2012年）（国連主催の持続可能な発展に関する主脳会議）のための資料という意味をもった。

　地球の環境の現状と傾向を7つに分けて統計を交えて解説している。すなわち駆動要因、大気、陸、水、生物多様性、化学物質と廃棄物、地球システムの全体像である。本書の構成は『国際環境政策』（長谷敏夫著）のそれときわめて近いが、これが政策的枠組みを中心に叙述しているので、本書の豊富な統計的データは補完的役割を担う。このためこの本の紹介をすることになった。

　駆動要因では、たとえば、携帯電話の世界的普及（50億人のユーザー）が希少金属コルタンの採掘を促している。この採掘がコンゴ民主共和国の国立公園内で不法に行われ、水汚染、土壌汚染、野生生物の絶滅、人権侵害を引き起こしているとの指摘がある。通信技術の異常な発展が途上国の環境を破壊している。ガーナの埋め立て

地が巨大な電子廃棄物の廃棄場となり、その毒素が住民の健康を破壊している。

　大気では、気候変動、オゾン層の穴、粒子状物質、二酸化硫黄、窒素、微粒子、鉛で相互に関連している問題である。気候変動の目標達成にはほど遠いと的確に指摘している。北極地方の温暖化が特にひどくなるとしている。熱波、旱魃、豪雨の頻発もある。

　陸の章では、農業、森林伐採、湿地の喪失、砂漠化が示されているが取り組みは遅れている。

　水の章では、海ゴミに対して対策が進んでいないと指摘する。また海洋において有毒性の難分解性物、プラスチック製品の劣化等によるマイクロプラスチックの濃度が懸念される。気候変動により海面上昇がすでに起こり、また二酸化炭素の吸収による海水の酸性化が起こっている。珊瑚礁が温暖化と酸性化のため減少している。水の安全保障も途上国では脅威にさらされている。

　生物多様性の章では、国際的に合意された目標の達成状況が示される。陸域では、面積の30％が農地に転換されている。生物の生息域が失われてきた。生物多様性の2010年目標は達成されなかった。侵略的外来種、気候変動、汚染、火災による喪失は大きい。漁業資源の喪失が目立つ。生態系は生物多様性に依存し、炭素を生物は貯蔵しているので気候変動への影響はきわめて大きい。森林の健全性を保持することが、気候変動対策に役立つ。侵略的外来種の管理、野生動物の取引の規制が必要である。保護区の管理が不十分である。遺伝子資源の公平な配分、アクセスは生物多様性条約の原則に従い実行されなければならない。

　化学物質と廃棄物の章。化学物質は低濃度でも人類と生態系に影

附　文献紹介

響を及ぼし、残留性有機汚染物質（POPs）が南極などに広がっている。電子廃棄物、内分泌かく乱物質、プラスチックなどの引き起こす問題に統合的に対応すべきである。

　地球システムが複雑であるため人類による圧力の影響を正確に予測することが難しい。しかし限りない消費や経済成長が地球の環境能力を超えると不可逆的な変化が起こる。長期の持続可能な発展を達成するには、根本的な転換が必要である。

　最後に本書は環境統計の重要性を協調する。淡水の量や質、地下水の枯渇、生態系サービス、自然生息地の損失、土地の荒廃、化学物質の項目についての時系列の科学的データが不足している。途上国の環境統計整備のための能力開発が待たれる。

　きわめて率直な記述をしていて、読んでいて胸のすく思いである。地球的規模の環境問題を網羅し、国際社会の対応がどうなっているのかを評価を交えて論じている。地球の環境問題が今、どうなっているのかを知る本としてきわめて有用である。下巻は第2部：政策オプション、第3部：地球規模での対応を述べているが、本稿では下巻を紹介しない。

　地球に住まう人間としては現在の事態は決して安心できる場合ではない。自らの住まいを将来の世代に引き渡すときに、これほど傷んだものを譲るわけにはいかない。きわめて緩い現在の取り組みを強化して進むしか道はないように思われる。

3. 『脱原発の哲学』

佐藤嘉幸・田中卓臣著　発行：人文書院（2016年）

　朝日新聞の2016年10月の世論調査によれば、原発再稼働反対は57％あり、賛成29％を引き離している（朝日新聞2016年10月17日朝刊）。福島事故後、脱原発の世論は多数派である。各地で原発再稼働の差し止め訴訟が提起されている。しかし、政府は再稼働、使用済み核燃料再処理政策を維持している。そのなかで脱原発の必要性を訴える本書が出た。『脱原発の哲学』は2016年5月1日の朝日新聞日曜刊の書評欄で知り買い求めた。

　本書は4部構成からなる。

　第一部は、「原発と核兵器」の不可分の関係（原子爆弾と原子力発電の等価性）を指摘する。原発の過酷事故は数万人の人々を被曝させ、広大な土地を居住不可能にして生活を奪う。戦争と同じである。原発の技術と核兵器の技術は同じである。核技術を人類の絶滅技術と指摘する。私はこの見解を支持する。

　第二部は原発のイデオロギー批判と銘打つ。原発は安全であり事故を起こしても影響はないとする原子力推進派の主張は、事故の経済的社会的コストを少なく見せるトリックである。被曝量にしきい値を設け、それ以下は安全と言い、低線量被曝の影響を無視する。しかし、被曝量にはしきい値はなく、わずかの放射線でDNA切断が起こる。被曝量は少ないほうがよい。福島の原発避難者には避難の権利の保障がされていないと指摘する。除染した土地に帰還を急がせる国の政策に疑問を投げかけている。チェルノブイリ法の避難基準よりずっと甘い放射線基準を適用している現状を批判している。

附　文献紹介

チェルノブイリ法の避難基準は 1 mSv／年で避難の権利を認めるが、日本の基準は福島原発事故後、20mSv／年であれば避難者を帰還させるものである。20mSv／年の基準は、放射線管理区域の基準値と同じであり、世界一厳しい基準で原発を管理しているという安倍内閣総理大臣の主張と相容れない。それを知っている福島の避難民は、国の帰還政策が出ても安全になったとされる故郷にほとんど帰らない。フランスの週刊誌L'OBS（N.2738）2018年 4 月27日号はこの20mSv／年の日本の基準を報道し、政府の帰還政策に避難者が誰も喜んでいないと報じた。

　福島原発事故は想定外でなく、予想されていた。石橋克彦神戸大学名誉教授は原発震災（地震によって原発事故が起こる）を警告してきた。東電、原子力安全委員会は事故の危険性を知っていたが、それを想像できなかった。東電は高さ15.7メートルの津波の可能性を知っていたが、それまでの5.7メートルの想定を変えずにいた。津波対策の費用が莫大であったためである。2011年 3 月11日地震発生後、約45分後には、高さ10メートルを超える第 1 波の津波が第一原発に押し寄せすべての非常電源を破壊、いわゆるステイションブラックアウトとなり、最悪の事故を引き起こした。

　1973年に提訴された伊方原発裁判で原告弁護団は原発の危険性を論証し、被告を追い込んだが、裁判所は国側の主張を単に引き写した判決を下した。特に弁護人の一人、荻野晃他（京都大学）は活断層説にもとづき、巨大地震による事故の危険性を主張した。福島原発事故は、荻野の伊方原発訴訟の証言を不幸にも実証してしまった。巨大事故に対する想像力の欠如が見られると本書が指摘した。これら司法の原発裁判については後に新藤宗幸の批判を浴びることにな

195

る（『司法よ／おまえにも責任がある―原発事故と官僚裁判官』2012年、講談社）。

第三部は、構造的差別の点から原発を位置づける。原発の立地を見てみると貧しい地方にお金を落とし危険を引き受けさせる社会的経済的差別構造があるという。電源三法による交付金で原発を受け入れた地方は麻薬患者のごとくそこから抜け出すことができなくなる。国はこのように地方を支配、原発の建設をすすめた。

さらに原発労働者への差別が指摘される。土本典昭監督のドキュメンタリー映画『原発切り抜き帳』（1982年）を引用し、原発労働者への構造的差別を指摘した。現在に至るまで差別は続いており福島原発事故後の現場作業では、下請け労働者の賃金、被曝量は東電社員に比べて大きな格差がある。本書は環境的正義の概念に触れていないが、発想において同様な考え方であると思う。

第四部は、公害から福島事故をみる。明治時代からの足尾鉱毒事件、戦後四大公害事件と福島原発事故の類似性を指摘する。足尾鉱毒事件、水俣病の問題はいまだ完全には解決していない。水俣病にかんしては被害がないことにされている現状を指摘した。福島原発事故の経過を見ていると過去にみつかった公害と同じ構造があると判断している。古河鉱業を東電に、煙害、鉱毒を放射能に置き換えれば同じ論理であるという。

科学者が国と資本に味方し、被害を意図的に過小評価したり、研究費獲得のために資本や国に取り込まれて来たとの指摘は正当である。レーチェル・カーソン、宇井純、原田正純の批判的科学観を紹介した後、「科学の中立性」については津田敏秀、アドルノ・ホルクハイマーの考えを引用する。批判的科学の精神が脱原発の哲学と

なると主張する。

　第五部（結論）でハンス・ヨナスの責任の原理、デリダの切迫性の原理が引用される。ヨナスは核技術により人類を滅ばすことのないように現世代の行為の重要性を主張する。現世代の電力消費のため原発を動かし、将来の世代に核廃棄物を押し付けること、すなわち現世代の「幸福」を未来世代の「犠牲」のうえに成り立たせることの是非が問われるのである。さらにヨナスは現在の科学技術が人間の制御できるところを超えて自己増殖し環境の保全や人類生存への配慮を欠いていると指摘する。

　チェルノブイリと福島事故後において脱原発、脱被曝は「切迫して実現されるべき理念」である。それはただちに実現されなければならない。デリダの切迫性の概念が強調される。

　福島では強制避難者、残留者、自主避難者、帰還者とそれぞれが異なる状況におかれ、固有の事情がある。しかし生活基盤を奪われ、加害者が一方的に決めた賠償を受け入れざるを得ない。強制避難者の土地に放射性廃棄物の中間貯蔵所をつくっている。強制避難者と自主避難者を分断することが行われている。政府の避難者の帰還政策、原発再稼働は公害の否認であり、批判されなければならない。水俣病患者認定の政府による否定と福島の被曝の承認拒否が重なるのである。

　脱原発は単なる技術的問題ではない。現在の中央集権的で管理的民主主義体制を分権的、直接民主主義な政治システムにつくり替えることか不可否であるとして本書を締めくくっている。

　本書は脱原発の道筋として国民投票により原発の是非を決めること、全原発の国有化により廃炉を進めることを提案している。そし

て核燃料のリサイクル、高速増殖炉「もんじゅ」の廃炉を提案している。この提案の実現可能性はどうか。「もんじゅ」は確かに廃炉になった。しかし再稼働、使用済み核燃料の再処理、高速増殖炉の開発は続く。経済的には脱原発が一番安いと判断されるのに、コストを無視して原発を維持する現在の日本の政治状況がある。たとえば、福島原発の事故処理費用に22兆円が必要と見積もられるのにそれを原発が高くつくと言わず、全原発の廃炉費用が4兆円かかるので原発をもつすべての電力会社がすべて赤字になるから脱原発ができないと論じられている。また、経済的に原発が引き合わないとしても政治的、軍事的に原発の維持が核兵器に転用できる潜在的軍事力を担保する意図が背後にあるからである。

　本書は触れていないが、各地で闘われている原発差し止め裁判の行方についても予断を許さない状況である。2017年3月に大阪高等裁判所は関西電力高浜原発3、4号機の運転差し止めの仮処分決定（大津地方裁判所）を取り消した。福島事故後も原子力村が目先の利権を確保するために原発回帰に動いている。九電力会社独占体制が原発を動かすために再生可能エネルギーの受け入れ容量を制限していて、再生可能エネルギーの増加が制限されている。日本の原子力政策は経済産業省の硬直的な官僚機構によって運営されてきた。政権交代があっても変更されないのである。脱原発を党是とするドイツの緑の党のような環境政党がなく、自由民主党が経済産業省、原子力村と結び原発の再稼働を進めている日本の政治の現状がある。

　しかし環境倫理やドイツの脱原発モデルがある以上、日本の脱原発がまったく不可能であると断定することもできない。

　ミサイル攻撃の前に原発はひとたまりもないという指摘も忘れて

はならない（朝日新聞夕刊2017年4月20日／文化欄、豊下楢彦）。核兵器によらずとも核攻撃が可能となるのである。2017年4月29日早朝、北朝鮮が弾道ミサイルを発射、東京メトロ全線、東武東上線、JR新幹線が10分間運転を止めたが（朝日新聞2017年4月30日朝刊）、原発への対応はどうなっていたのであろうか。

本書は映画『日本と原発』（2015年、kプロジェクト制作）と同じ趣旨の本であり大いに勇気づけられた。本書は脱原発の必要性を読者に深く焼きつけた。いかにして脱原発を実現するのかを私は考えてきた。本書はなぜ脱原発なのかを論じた書である。いかにして脱原発を進めるのかについての提案をされたが、これについてはさらなる検討の余地があるように思われる。

最後に専門家の倫理について考えることができた。それは狭い専門分野から公害のような複雑な現象を論ずることの限界についてである。専門家の研究が客観性、中立性、第三者性を盾にとり、公害被害を過小評価、抽象化してしまい、結果として加害者の立場を強化してしまうとの本書の指摘に反省をするばかりである。

また日本の「環境学」の大学を中心とする研究体制が工学部、農学部系に偏り、自然科学的手法を重んじてきたなかで社会科学の地位の低さが問題とされると指摘している。公害の現場に学び、社会的、経済学的、政治的構造からの研究が日本では弱いと批判する。

著者は脱原発を日本で直ちに実現すべきと主張される。私はこれに同意する。私たちの「家」である地球を1000年後も今と同じようにしておかねばならない。安全で安心して住める地球を実現しなくてはならない。本書は福島原発事故を踏まえ核技術の引き起こす社会的問題を提起している。核技術は遺伝子組み換え技術、人工知能

とともに人類にとって大きな脅威となっている。人類はこれらの技術を制御できるのかどうかの問題を突きつけられている。

附　文献紹介

４．『身の回りの電磁波被曝―その危険性と対策』
荻野晃也、緑風出版、2019年

　著者は電気と磁気が相互に関連しながら伝搬している波のことを電磁波と定義して本論を進める。波長の短い電磁波が高周波（マイクロ波）と呼ばれ、電子レンジ、携帯電話に利用されている。放射線は発ガン性を持つことが知られている。放射線は電離放射線（電子が原子核から離れてしまう強いエネルギー）を意味するとし、非電離放射線を電磁波として話を進める。放射線と電磁波の人体影響が似ていると指摘される。

　今日、携帯電話（スマートフォンを含む）、Wi-Fi、電子レンジ、LED電球、スマートメーター、リニア新幹線、スカイツリー、イージス・アショア（大型レーダー基地）、「第五世代」通信システム（無線通信のさらなる拡大）の出現がある。これらの新しい製品が次々と導入され、生活の利便性が追求されている。これらは、電磁波を発生させ動物、植物に何らかの影響を与える。今までにない電磁波が日常生活に侵入し人体に吸収されている。しかもその強度は増大している。本書はこれら電磁波の健康、生命への影響について最新の世界中の研究成果を踏まえて、詳細にその危険性を述べる。本書は身近な電磁波を観察対象とする。包括的にその影響に関して科学的知見に基づいて解説を加えた。巻末の資料２は、「携帯電話などの高周波・電磁波の精子・精巣などへの影響」に関する論文225件がリストで示されている。ラット、人を対象とした研究であり、その論文のおよそ80％は動物の健康によくない「影響あり」とするものである。

さらに資料１の「電磁波による卵・出産・生殖組織などへの影響」は500件の論文が挙げられ、うち90％が「影響あり」としている。

　携帯電話の電磁波による生殖への影響、発ガン性が主要な問題である。携帯電話の使用する高周波は、精子への影響が大きい。高周波とは日本の基準値の１万分の１の強さの電磁波（携帯基地局からの電磁波）でラットの精子の50％が奇形になった研究を紹介する（ナイジェリアのオーテイトロジュ論文、2010年）。精子数の減少、精子の運動能力の低下、精子の奇形などの報告が多く、人間は「ポケットに携帯電話を入れないように」の警告が英国でなされている（本書p.168）。

　携帯電話電磁波の照射で鶏卵の50％が孵化しないことを示した４つの研究がある。自然界では、携帯電話基地から200メートル以内のシュバシコウ（コウノトリの１種）の巣にヒナがいない比率が40％、300メートル以遠の巣では3.3％という研究である（本書p.161、スペインのバルモリ論文）。

　携帯電話は頭につけて使用するので脳腫瘍が心配される。多くの疫学研究から、携帯電話を当てる側に神経膠腫が増加しているとのスウェーデンのハーデル博士の研究がある（本書p.133）。携帯電話の長期間使用、ヘビーユーザーの脳腫瘍増加の疫学研究が多くある。また年少の使用者ほど危険が大きい。国際ガン研究所の発ガンの分類を現在の２Ｂ「発がんの可能性があるかもしれない」から「ⅡＡ：発がんの可能性が高い」または「１：発がん性あり」の分類にすべきとの主張が強くなりつつある（本書p.133）。

　オール電化住宅では、まず電磁調理器が避けるべきものと指摘される（本書p.124）。特に流産のリスクが高まるからである。

附　文献紹介

　LEDは青色光線による目の障害と発ガン性が問題である（本書p.127）。電気暖房システムは、床の下に電気ヒーターを敷くので、磁界、電解が強く問題である（本書p.126）。

　日本では電磁波に対する知識が十分に普及していないことがまず問題であるとの著者の指摘は正当である。マスコミが電磁波の危険性の報道を控え、政府は安全性を強調する。原子力発電にかんしては「原子力村」があるなら、電磁波に関しても同様な現象がある。多額の寄付金、研究費が巨大企業から流れ、多くの報告書は「影響なし」となる。日本では電磁波の人体影響の研究が少ない。子どもの携帯電話使用にたいして世界一寛容になっている。

　それでは電磁波を避ける方法があるのか。著者は４つの避け方を提示した。(1) 発生源の場所、強度を知ること (2) 発生源から出る電磁波を弱くする (3) 発生源から距離を取る (4) 途中から減少させる、すなわち遮断。

　著者は予防原則に基づいて安全性を確認してから開発、利用を進めるべきことを主張する。蓋し当然である。現実はメーカー側、国が十分な科学的根拠に基づかないで推進してきた。

　リニア新幹線、LED、スマートメーター、地下電線の埋没を浅くするなど電磁波被曝を増やす日本政府の政策が進んでいるなかにあって、科学的根拠をもってこれを批判し警告を発しているのが本書である。

　著者は1973年８月に提訴された四国電力伊方原発設置許可取り消しを求める行政訴訟に原告側の特別弁護人として地震により原発が事故を引き起こすことを証言された。その後、電磁波問題に深く関わってきた。その集大成が本書である。

　日本で電磁波のリスクに対する関心、知見が少ないこと、まともな電

磁波の影響の研究がないこと、電磁波の強度が増大していること、規制が世界一ゆるいことと事態は深刻である。

　なお著者は、携帯電話を所持していない。携帯電話中継基地の筆者の町内での立地も断った。固定電話とパソコンで連絡をしている。

【初出一覧】

第3章　福島原発事故より8年後の原発政策―2019年3月の日本
　　　　2018年8月21日『中日環境政策和法律国際検討会』北京市国務
　　　　院資源環境政策研究所にて「福島原発事故より7年後の原発政
　　　　策」として発表

第4章　ドイツとベルギーの脱原発政策
　　　　『ドイツとベルギーの脱原発政策』環境管理2013年12月号、
　　　　vol.49、no.12

第5章　Paris Agreement of UN Framework Convention on Climate
　　　　Change（気候変動に関するパリ協約）
　　　　2017年11月11日、北九州市国際会議場『国連学会東アジアセミ
　　　　ナー』で The 17th East Asian Seminar on the United Nations
　　　　System（TBC）
　　　　November 11 Kitakyushu Interntional Conference Center
　　　　"Implementing Paris Accord" で報告

第6章　中国の気候変動政策の動向
　　　　　『環境法研究』41号、2016年12月

第7章　判例紹介　南極海捕鯨事件（オーストラリア対日本、ニュージ
　　　　ーランド補助参加）
　　　　『日本土地環境学会誌』第21号、2014年

第8章　予防原則
　　　　「予防原則の発展について」
　　　　秋月弘子他編集『人類の道しるべとしての国際法』国際書院、
　　　　2011年

第9章　国際環境法の発展
　　　　「国際環境法の発展」
　　　　長谷敏夫『国際環境政策』時潮社、2014年

附　文献紹介
　1.『ハイデガーと地球』
　　　ラッデル・マクフォーター、ゲイル・スタンステド編『ハイデガー
　　　と地球』
　　　Ladelle McWhorter and Gail Stenstad、"Heidegger and the Earth：

Essays in Environmental Philosophy", 2009

『国際関係学研究』　東京国際大学大学院国際関係学研究科　第26号、2013

2.『GEO‐5　地球環境概観　第五次報告書　上』国連環境計画編集、環境報告研、2015年

『日本土地環境学会誌』第23号・2016年

3.『脱原発の哲学』佐藤・田中著、人文書院、2006年

『環境法研究』41号、2017年11月

著者紹介　長谷敏夫（はせ・としお）

1949年　京都市生まれ
1973年　国際基督教大学大学院行政学研究科卒業
1995年　東京国際大学国際関係学部教員
2019年　同上退職

著　書

「ドイツとベルギーの脱原発政策」『環境管理』2013年12月号
「予防原則の発展について」秋月弘子他編『人類の道しるべ
としての国際法』横田洋三先生古稀記念論文集、国際書院、
2011年
『日本の環境保護運動』東信堂、2002年
『国際環境論』時潮社、1999年
『国際環境政策』時潮社、2014年

訳　書

リチャード・フォーク『顕れてきた地球村の法』東信堂（川
崎孝子と共訳）、2008年
ラッデル・マクヴォーター『ハイデガーと地球』東信堂（佐
賀啓男と共訳）、2010年

科学技術の環境問題

2019年6月17日　第1版第1刷　　定　価＝3,000円＋税

著　者　長　谷　敏　夫　©
発行人　相　良　景　行
発行所　㈲　時　潮　社

〒174-0063　東京都板橋区前野町4-62-15
電　話　03-5915-9046
F A X　03-5970-4030
郵便振替　00190-7-741179　時潮社
U R L　http://www.jichosha.
E-mail kikaku@jichosha.jp

印刷・相良整版印刷　製本・仲佐製本

乱丁本・落丁本はお取り替えします。
ISBN978-4-7888-0735-8

時潮社の本

国際環境論〈増補改訂〉

長谷敏夫 著

Ａ５判・並製・264頁・定価2800円（税別）

とどまらない資源の収奪とエネルギーの消費のもと、深刻化する環境汚染にどう取り組むか。身のまわりの解決策から説き起こし、国連を初めとした国際組織、NGOなどの取組みの現状と問題点を紹介し、環境倫理の確立を主張する。

国際環境政策

長谷敏夫 著

Ａ５判・上製・200頁・定価2900円（税別）

農薬や温暖化といった身近な環境問題から原子力災害まで、環境政策が世界にどのように認知され、どのように社会がこれを追認、規制してきたのかを平易に解き明かす。人類の存続をめぐる問題は日々新たに対応を迫られている問題そのものでもある。

エコ・エコノミー社会構築へ

藤井石根 著

Ａ５判・並製・232頁・定価2500円（税別）

地球環境への負荷を省みない「思い上がりの経済」から地球生態系に規定された「謙虚な経済活動」への軌道修正。「経済」と「環境」との立場を逆転させた考え方でできあがる社会が、何事にも環境が優先されるエコ・エコノミー社会である。人類の反省の念も込めての１つの結論と見てとれる。

確かな脱原発への道

原子力マフィアに勝つために

原 野人 著

四六判・並製・122頁・定価1800円（税別）

未曾有の災害、福島原発。終息の行方は見えず、政府は被害を一方的に過小に見積もり、被災者切り捨てがはじまる。汚染物質処分の見通しさえ立たず、思考停止に陥った現状をどう突破するのか。本書は従来のデータを冷静に分析、未来に向けた処方箋を示す。